# 機

山本 良一



岩波ブックレット No. 1016

# はじめに

二〇一八年八月からの一年は、世界を揺るがした一年であった。八月二〇日に一五歳の少女グレタ・トゥンベリがスウェーデンの国会前で気候危機の根本的な解決を求めて一人でストライキを始めたことから、それは始まった。当時、各国の地方自治体の中には「気候非常事態宣言」(Climate Emergency Declaration＝CED)を議決していたところもあったが、その数は限られていた。ところが、極端な気象の頻発と続々と公表される気候危機や環境危機に関する報告書に背中を押されて、気候ストライキをする若者と気候非常事態宣言をする自治体の数は爆発的に拡大していったのである。これはまさに「革命」と呼ぶに値する。

満員の映画館の中で誰かが「火事だ!」と叫んだらどうすべきだろうか。辺りを見回して本当に火事なのかどうか、まず自分で事の真偽を確認するのではないだろうか。どこにも火や煙が見えず臭いもしないようなら、隣席の人にこの警報の真偽について尋ねるかもしれない。そのうち「火事だ、逃げろ!」と何人もが叫び出したら躊躇なく席を立って、争って脱出口に向かうはずである。あるいは消火のために火元に向かって突進するかもしれない。もちろん、群衆の中で警告を発することは重要だが、避難行動で負傷したり、悪くすると死者が出ることもあるので、慎重にしなければならないことは言うまでもない。

さて、現実にはあり得ない話だが、脱出口のない映画館の場合はどうであろうか。この場合は、少しでも火事の気配がある場合は誤報を恐れず、「火事だ」と叫んで全員で消火に当たらなければならないだろう。そうでなければ全員が死亡する大変な事態を招くことは明らかだからである。

気候危機にこれを当てはめてみるとどうなるだろうか。「気候非常事態宣言」は「火事だ！」という警報に相当する。地球には脱出口はなく、人間活動起源の温暖化ガスによる地球温暖化はたとえ排出量をゼロにしても一〇〇〇年は継続することを考えると、ただちに全員で排出量を削減し（消火）、すでに現れ始めている極端な気象現象に対応しなければならない。

筆者は二〇一八年一二月に〝気候非常事態を宣言し、動員計画を立案せよ〟という解説をまとめ、世界の気候非常事態宣言運動を日本に紹介した。四〇〇に近いカナダのケベック州の自治体は独自の方式でＣＥＤを行っている。これを除くと、二〇一八年一二月一三日の段階で、二四自治体（住民総数約一五〇〇万人）がＣＥＤを行っていた。注目されるのは、ロンドンがＣＥＤを行い、パリ協定の1・5℃努力目標達成のためのプランを公表していたことであった。

気候非常事態宣言はその後、劇的に広がった。ＣＥＤＡＭＩＡ（Climate Emergency Declaration and Mobilisation in Action）のホームページの統計によれば、二〇一九年九月二九日現在、カナダのケベック州の三九五自治体を入れて数えると、二〇カ国の一〇七五自治体（住民総数約二億六五八五万人）が宣言をしている。内訳はアルゼンチン一、オーストラリア五六、アメリカ四一、カナダ四五六、英国三四八、スイス一五、アイルランド一六、イタリア三五、ドイツ四一、フランス一三、ベルギー二、スペイン一四、ニュージーランド一五、チェコ二、ポルトガル一、オーストリア八、ポーランド五、フィリピン二、日本一である。日本では九月二五日に長崎県壱岐市がＣＥＤを可決している。七月だけでも英国では九五自治体がＣＥＤを行っている。ケベック州を除いて考えると、二〇一八年一二月の段階で二四自治体だったものが、この九カ月間で六八〇に増加したことになる（その後、一九年一〇月四日に神奈川県鎌倉市、一二月四日には長野県白馬村、一二月六日には長野県、一二月一二日には福岡県大木町がCEDを行った)。

また、二〇一九年五月~九月に英国、アイルランド、ポルトガル、カナダ、フランス、アルゼンチン、スペイン、オーストリアが国家として気候非常事態宣言を行ったことが特筆される。より正確に言えば、英国は「環境と気候」の、アイルランドとフランスは「生物多様性と気候」の非常事態を宣言した。映画館での火災にたとえれば、観客七七億人(世界人口)のうち、二億六五八五万人が「火事だ!」と叫び出したのである。

気候非常事態宣言をする自治体の急速な増加の原因の一つには、気候ストライキをする青少年の爆発的増加がある。二〇一九年三月一五日、五月二四日のグローバル気候ストライキには約一三〇カ国のそれぞれ一五〇万人、一八〇万人の子どもたちが参加した。九月二三日の国連気候行動サミット直前、同月二〇日の大人もまじえたグローバル気候ストライキには一六〇カ国で四〇〇万人が参加した。九月二〇日~二七日の Week For Future 全体で七六〇万人が参加したと報じられている(九月二八日段階の集計)。子どもたちは、気候非常事態宣言を行い、気候危機の根本的解決を求めてグリーン・ニューディールのような気候動員計画を立案実施せよと主張しているのである。

周知のように、二〇一五年に歴史的なパリ協定が締結され、世界の気温上昇を2℃未満、できれば1・5℃未満に抑制することが約束された。その後、二〇一八年一〇月にIPCC(気候変動に関する政府間パネル)の「1・5℃特別報告書」が公表され、青少年たちは2℃目標より厳しい1・5℃目標の達成を求めている。

本書はこのような世界の状況について報告するとともに、気候危機の打開の見通しについても述べてみたい。言うまでもなく、世界が一致協力して問題解決に当たれば希望はあるのである。

# 第1章　革命前夜1——温暖化の科学と文明の持続可能性

どうして子どもたちが起ち上がったのかを理解するために、「革命前夜」の地球と社会の状況について述べておこう。

## 温暖化の科学の基本

議論に入る前に、温暖化の科学の基本事項を復習しておきたい。

大気中の$CO_2$（二酸化炭素）の体積分率一ｐｐｍ（一〇〇万分の一）は、いったいどのくらいの重量があるだろうか。これは大気の総重量に$CO_2$の分子量をかけて空気の平均分子量で割り、一〇のマイナス六乗を乗じれば計算できる。大気総重量を五二八二兆トンとすると、一ｐｐｍの$CO_2$の重量は八〇億トンとなる。工業化以前と現在の大気中$CO_2$濃度はそれぞれ二八〇ｐｐｍ、四〇五ｐｐｍである。したがって工業化以降に一二五ｐｐｍの余分な$CO_2$が大気中に蓄積してしまったわけで、重量に換算するために八〇億トンをかければ一兆トンとなる。

大気中の$CH_4$（メタン）についてはどうであろうか。メタンの体積分率はｐｐｂ（一〇億分の一）の単位で表す。一ｐｐｂの$CH_4$の重量は$CO_2$と同様に計算すると二九一万トンとなる。工業化以前と現在の大気中のメタンの濃度はそれぞれ七二二ｐｐｂ、一八五三ｐｐｂである。すなわち一一三一ｐｐｂ、三三億トンのメタンが余分に蓄積したことになる。

さて、次に化石燃料を燃やして発生する$CO_2$が大気中に長期間留まることについて述べる。大気中の$CO_2$が除去されるさまざまなプロセスが自然界にあるが、シカゴ大学のデービッド・アーチャーの研究によれば、放出された$CO_2$はそのプロセスを経て一〇〇〇年後に一七〜三三%、一万年後に一〇〜一五%、一〇万年後に七%が大気中に残留するとしている。

もう一つ別の研究結果を挙げよう。NASAのゴダード宇宙研究所元所長のジェームズ・ハンセンは、$CO_2$は五〇〇年後に二二%、一〇〇〇年後に一九%が大気中に残留すると述べている。大気中の$CO_2$による温暖化はこのため長期間に及び、氷床など多くの気候システムに影響を与えてしまう。一方、$CO_2$などの温暖化ガスを排出しても地球の表面温度はその温暖化ガス濃度に対応する平衡温度に到達するまでに時間がかかる。海や氷床などが平衡状態に到達するのに時間がかかるためである。ハンセンは、温度上昇の三分の一は数年以内、二分の一が二五年、四分の三は二五〇年以内に現れるが、一〇〇%現れるのには一〇〇〇年かかると述べている。

これは大変深刻な問題をはらんでいる。今ガソリン車に乗って、その結果放出された$CO_2$の一部は、一〇〇〇年後にも大気中に存在するので、温暖化の影響は私たちの子々孫々のみならず、他の生物の子々孫々にも及んでしまうことになる。もう一つは、ただちに化石燃料の使用や森林伐採などを中止して$CO_2$排出をゼロにしても、大気中にすでに蓄積された分による温暖化の影響は継続するということである。温暖化をすぐには止められないのである。

カート・ステージャはその著書『10万年の未来地球史』(岸由二監修、小宮繁訳、日経BP社、二〇一二年)の中で、化石燃料を燃やし尽くした場合どうなるかについて考察している。五〇〇〇ギガトンの炭素(一八兆トンの$CO_2$)を大気中に排出した場合、$CO_2$排出量のピークは二一〇〇〜二一五〇年頃になり、$CO_2$濃度は二三〇〇年頃に一九〇〇〜二〇〇〇ppmで頂点に達する。世界の平均気温のピークは二五〇〇〜三五〇〇年頃、現在よりも5～9℃高くなる。その結果、ヨーロッパ、スカンジナビア、アメリカの大部分で冬期の降雪はほぼゼロになり、南極、グリーンランドの氷床はすべて融解すると考えられる。四〇〇〇年頃までに$CO_2$濃度は一〇〇〇～一三〇〇ｐｐｍまで低下するが、現在の濃度に戻るのは四〇～五〇万年後になるとしている。

### 温暖化は人為起源の温暖化ガスによって生じる

次に、地球温暖化は人為起源の温暖化ガスによって生じることの証拠を以下に挙げる。

①　大気中の温暖化ガスの濃度の増大は人間活動が原因である。濃度に地域差があり、人口の多い北半球の陸域から主に発生していること、同位体分析により$CO_2$増加分のほとんどが化石燃料の燃焼に由来していること、メタンと一酸化二窒素（$N_2O$）は農業活動と化石燃料消費によることが分かっている。

②　二〇世紀の気候再現実験によると、人為的要因を加えたシミュレーションで初めて二〇世紀後半の観測された温暖化を再現できる。

③　人間活動が影響している証拠は、次の二つのパターンに表れている。一つは、海洋よりも陸域の温暖化が大きく、海洋では深部より表層の温度上昇が大きいことである。これは大気が温暖化ガスによって温暖化していることと一致する。二つ目は、対流圏が温暖化する一方、成層圏は寒冷化していることである。太陽活動の変化が温暖化の主因ならば、両方の温度が上がるはずである。しかし現実には両者に差があり、この観測結果は温暖化ガスの増加と成層圏オゾンの減少から予測されるものとまさに一致している。

### 放射強制力

次に、放射強制力（Radiative Forcing）という概念について触れておきたい。これは地球表面一平方メートルに対し一秒あたり何ジュールのエネルギーが入射するかを表している。単位はジュール／$m^2$・秒＝W／$m^2$である。

よく知られているのは太陽から入射する熱である。太陽の放射強制力（太陽定数）は一三七〇W／$m^2$である。分かりやすくするためにこれを換算すると、快晴時に太陽から来る熱量は一平方センチメートル一分あたり二カロリーとなる。

放射強制力一W／$m^2$とはどのくらいのエネルギーであろうか。一年間、全地球表面に入射する総エネルギーを計算すると$1.6 \times 10^{22}$ジュールとなる。これでは分かりづらいので広島型原爆の爆発エネルギー（$5.5 \times 10^{13}$ジュール）に換算してみる。すると、一日あたり一W／$m^2$の放射強制力で入射するエネルギーは広島型原爆八〇万個の爆発エネルギーに相当するという結果が得られる。一日あたり八〇万個は一秒あたりに換算すると約九個ということになる。

それでは現在、地球温暖化により地球の表面に入射してくる余分なエネルギーはどのくらいであろうか。地球表面への入射エネルギーから放射エネルギーを引いたものをエネルギーインバランスというが、温暖化ガスがすっぽりと地球をつつんでいるため、その温室効果で入射エネルギーが増加し、余分なエネルギーが生じているのである。チューリッヒ工科大学のマルティン・ウィルドによる最近の評価では〇・五〜〇・九W／$m^2$である。すなわち地球表面に毎日広島型原爆四〇万〜七二万発分の熱エネルギーが蓄積されている。一秒あたりに直せば四・五〜八個の広島型原爆の爆発エネルギーが蓄積されていることになる。その九割が海に蓄積されている。これは大変な量である。

二〇一三年に公表が開始されたＩＰＣＣ（気候変動に関する政府間パネル）第五次報告書によれば、気候システムの温暖化は疑う余地がなく、大気と海洋は暖まり、雪氷の量は縮小し、海面水位は上昇し、温暖化ガスは増加した。二〇一一年における人間活動起源の温暖化ガスによる放射強制力の合計は二・二九W／$m^2$であり、これが観測された地球温暖化を引き起こしている要因であることはほぼ確実である。温暖化ガスの中で$CO_2$が最大の寄与をしている。このため地球温暖化の議論では$CO_2$を中心に議論されることが多い。

　ここで、温暖化ガスの放射強制力から世界の平均気温がどれくらい上昇するのかを見積もる経験的な方法を紹介しよう。もちろん正確な予測をするためには気候モデルを用いた大規模なシミュレーションをしなければならない。ジェームズ・ハンセンによれば、氷期と間氷期を比較して氷期の放射強制力は間氷期より6.6±1.5（W／$m^2$）低く、その結果、世界の平均気温は工業化以前の時点より５℃低かったと評価している。したがって気候感度（一W／$m^2$あたり平均気温が何度上昇するかという値）を経験的に見積もることができる。答えは０・７５℃／（W／$m^2$）である。先ほど述べたように、二〇一一年の温暖化ガスの放射強制力が二・二九W／$m^2$であるということは、長い間には二・二九に０・７５をかけた値、つまり１・７℃、世界の平均気温は上昇するということになる。すでに世界の平均気温は工業化以前から１℃上昇しているが、現状のままでもさらに０・７℃ほど上昇してしまうことになる。

## $CO_2$をどれくらい削減しなければならないのか

　二〇一八年の世界の$CO_2$排出量は、二〇一七年と比較して一・七％増え、過去最高の約三三一億トンに達したと国際エネルギー機関（ＩＥＡ）が発表している。また、世界の$CO_2$濃度は体積分率で四〇五ｐｐｍに達している。安全な気候に戻すには工業化以前の二八〇ｐｐｍまで下げればよいが、ハンセンらはまず三五〇ｐｐｍまで戻すべきであると提唱している。これは氷床、海面水位、気候帯の移動、アルプスの水供給、海洋の酸性化などを考慮して設定された臨界値である。後に地球的境界（Planetary Boundary）における気候変動に対する閾値《しきい》として採用されている。

そうすると、気候を安定化するには、現在排出している年間排出量三三一億トンをゼロにまで削減して、さらに四〇五ｐｐｍの$CO_2$濃度を三五〇ｐｐｍまで減少させるため、大気中から$CO_2$を五五ｐｐｍ分の四四〇〇億トン除去しなければならなくなる。つまり合計四七三一億トンの$CO_2$を削減しなければならないのである。

ＩＰＣＣ第五次報告書では、世界の平均気温の上昇は$CO_2$の累積排出量にほぼ比例するという関係が示されている。二〇一一年の世界の排出量を続けて行ったと仮定した場合、パリ協定の2℃目標は単純計算であと二八年で突破されてしまうことになる。二〇一八年に公表されたＩＰＣＣの1・5℃特別報告書(後述)によれば、このままでは1・5℃目標は早ければ二〇三〇年頃に突破されてしまうというのである。

ここにおいて人類は一大決心を迫られることになった。時間が限られているなかでの$CO_2$排出量の大幅削減は、社会・経済・技術の大転換を意味する。これは新たな産業革命と呼んでもいいかもしれない。ＩＰＣＣの1・5℃特別報告書などの科学的知見を信頼して大転換に乗り出すかどうかが問われているのである。

産業革命発祥の地、英国は二〇一九年五月一日に国家として気候非常事態宣言を世界に先駆けて行い、二〇五〇年までにカーボンニュートラル($CO_2$の吸収量と排出量を同じにすること)にすることを目標として設定した。英国の自治体の五〇％以上がすでに同様の宣言と目標を立てている。英国は第二の産業革命でも世界をリードするつもりのようである。

## 地球温暖化国際交渉の歴史

ここで、パリ協定に至る地球温暖化問題の解決のための国際交渉について、振り返っておこう。

一九九二年のリオデジャネイロで開催された地球サミットは、人類史のマイルストーンとなる国際会議であった。国連気候変動枠組条約(ＵＮＦ

ＣＣＣ）と生物多様性条約（ＣＢＤ）の二つの条約が締結された。温暖化防止のために大気中の温暖化ガスの濃度を安定させること、地球上の多様な生物をその生息環境とともに保全すること、生物資源を持続可能であるように利用すること、遺伝資源の利用から生ずる利益を公平かつ衡平に配分することが、両条約の目的である。先進国は温暖化ガスの排出量を二〇〇〇年までに一九九〇年の水準に戻す（努力目標）ために「共通だが差異ある責任」を受け入れた。

この会議から環境効率（Eco Efficiency）という概念・手法が生まれた。これは本来 Ecological and Economic Efficiency であり環境的、経済的な効率の意味で、製品デザインや企業経営の指針としてその後広く用いられることになった。環境マネージメントシステムの国際規格ＩＳＯ１４０００シリーズも、この地球サミットがきっかけとなって作成されたものである。

しかし、三〇年近くたった今日から振り返ってみると、大気中の温暖化ガスの濃度は増加する一方で、一〇〇万種の生物種が絶滅の危機にあり、いったい大人たちは何をやっているのかと若者たちに非難されるのはやむを得ないところである。二〇一七年の段階で温暖化ガス$CO_2$、$CH_4$、$N_2O$の大気中濃度は工業化以前と比較してそれぞれ一四六％、二五七％、一二二％も増加しているのである。温暖化ガス全体の放射強制力は一九九〇年と比べて四三％も増加してしまった。

一九九二年の地球サミットで採択された国連気候変動枠組条約は、二年後に発効した。一九九七年の第三回締約国会議（ＣＯＰ３）は京都で開かれ、温暖化ガスの削減ルールを決めた「京都議定書」が採択された。京都議定書は二〇〇五年に発効したが、日本は第一約束期間（二〇〇八〜二〇一二）のみ参加しただけで、第二約束期間（二〇一三〜二〇二〇）には参加していない。二〇一〇年のカンクン合意で第二約束期間に参加しない国を含め、先進国、途上国の二〇二〇年の削減目標・行動のルールが決められた。二〇二〇年以降の世界のほとんどの国をカバーする本格的な条約がパリ協定で、二〇一五年一二月にパリで開催されたCOP21で締結された。

パリ協定は二〇一六年一一月四日に発効し、二〇一九年一月には一八三カ国とEUが批准した。これは世界の排出量の八九%を占めている。

パリ協定の実施規則は二〇一八年一二月のポーランド、カトヴィツェでのCOP24で合意され、二〇二〇年から本格始動する。まず、二〇二〇年二月までには各国とも実際の排出削減量を示す約束草案、二〇五〇年までの長期低炭素戦略を提出しなければならない。パリ協定は世界の平均気温の上昇を、2℃を十分に下回る水準に抑制し、できれば1・5℃未満にするという努力目標を設定している。したがって今世紀中に排出実質ゼロ、脱炭素化が明確な長期目標となっている。また五年ごとの目標引き上げメカニズムが組み込まれている。そのため二年ごとに各国の目標とその進捗について検証する手続きも決められている。排出削減のみならず地球温暖化の適応策などへの途上国支援策も定められている。

この間、IPCCの1・5℃特別報告書が二〇一八年一〇月に、土地特別報告書が二〇一九年八月に、海洋と雪氷圏特別報告書が同じく九月に公表された。

**IPCCの1・5℃特別報告書**

ところで、IPCCの1・5℃特別報告書の公表により、パリ協定の2℃目標を1・5℃目標へと、より厳しくすべきだという意見が強くなりつつある。それは1・5℃目標の方が2℃目標より多くの点において、温暖化による被害を少なくできることが定量的に示されたからである。

すでに世界の平均気温は工業化以前と比較して約1℃上昇しており、現在の排出傾向では早ければ二〇三〇年頃に1・5℃目標を突破する可能性がある。世界のエネルギー起源$CO_2$排出量は、二〇一四〜二〇一六年は経済成長にもかかわらず二〇一三年比で横ばい状態にあり楽観的な観測も一時流れたが、二〇一七年は前年比一・四％増、二〇一八年は前年比一・七％増となり、楽観論は打ち砕かれた。世界的な天然ガスの需要量の拡大が原因とされている。

１・５℃未満に気温上昇を抑えるには$CO_2$排出量を二〇一〇年比で二〇三〇年までに約四五％削減し、二〇五〇年頃には排出を実質上ゼロにする必要がある。$CO_2$以外の温暖化ガスも大幅削減しなければならない。それにはすでに述べたように社会の大転換が必要である。

この特別報告書は二〇一八年一二月のＣＯＰ24でどのように評価されたであろうか。ＣＯＰ24では、ＩＰＣＣ１・５℃特別報告書に〝留意する〟(note)とされただけであった。大多数の国々は〝歓迎する〟(welcome)への変更を求めたが、サウジアラビア、アメリカ、ロシア、クウェートの四カ国が反対して、留意するという表記にとどまった。翌二〇一九年、マドリッドでのＣＯＰ25では内容を対策の議論に活用するということになった。

現在各国が申告している排出量削減目標では２℃目標さえ守ることができないことを考えると、現状は大変厳しいと言わざるを得ない。これが気候ストライキをする学生たちの深刻なる不安をかき立てた原因の一つである。

## 近代文明の持続不可能性

二〇一九年二月一八日にアメリカの著名な地球化学者ウォーレス・ブロッカーがこの世を去った。熱と塩分によって決定される海水の密度による地球規模の海洋循環についての研究で有名である。ブロッカーは一九七五年に“Climate Change, Are We on the Brink of a Pronounced Global Warming?”という論文を発表して、地球温暖化という用語を定着させたと言われている。さらに二〇一九年は、ＮＡＳＡのゴダード宇宙研究所の元所長ジェームズ・ハンセンがアメリカ議会で地球温暖化について証言してから三一年目に当たる。
四〇年以上も前から地球温暖化について議論がされてきたにもかかわらず、現在、〝環境と気候の非常事態宣言〟をしなければならない状況にあるとはどういうことだろうか。七七億人の世界人口が日々大量の資源エネルギーを消費し、大量の廃棄物を排出しながら各人の幸福を追求している今日の文明が、生態系や地球環境に膨大な負荷をかけていることは容易に想像される。しかも毎日さらに二〇万人ほどの人口が増加しているのである。したがって現在の文明のあり方が持続不可能であることは早くから多くの研究者によって指摘されてきた。一九七〇年代に出版されたポール・エーリックの『人口爆弾』(宮川毅訳、河出書房新社、一九七四年)やドネラ・メドウズらの『成長の限界』(大来佐武郎監訳、ダイヤモンド社、一九七二年)がそのよい例である。

最近の研究結果も紹介しておこう。ヤン・ザラシエビッチらは、世界の人工物の総重量はすでに三〇兆トンに達し、これは地球表面の一平方メートルあたり約五〇キログラムに相当することを示した。人類の総重量は三億トンほどなので、人工物の総重量はそれより一〇万倍大きいことになる。

実際、世界の資源採掘量は急増している。国際資源パネル報告書(二〇一六)によれば、一九七〇年に世界で二五〇億トンだったものが二〇一〇年には七〇〇億トンに達している。バツラフ・スミルによれば人類の重量はすべての動物の総重量の三〇%を占め、家畜の重量六七%を加えると九七%となる。すなわち野生生物の重量は三%に過ぎないということになる。

別の研究によれば、人類は穀物生産に南アメリカ規模の土地を、家畜を飼うためにアフリカ規模の土地を使用している。その結果、人類文明が発展を遂げることのできた過去一万年間の安定した気候だった「完新世」(Holocene)から、人類が実質的に地球表面を支配する「人新世」(Anthropocene)へと移行しつつあると考えられている。

地球システムの変化速度は完新世から人新世に移行するにあたって急激に増加した。たとえば大気中の$CO_2$濃度、$CH_4$濃度は人新世では完新世と比較してそれぞれ五五〇倍、二八五倍速い。

**アントロポセン（Anthropocene，人新世）**

ここで新たな地質年代として提案されているアントロポセン（人新世）について触れておこう。

人間活動の急激な増加によって引き起こされた地球システムのグローバルな変化が実際に観測されるようになってきた。たとえば世界人口、世界GDP、海外直接投資、ダムの数、水使用量、肥料の使用量、紙の消費量などの増加によって、大気中の$CO_2$濃度、$N_2O$濃度、$CH_4$濃度、熱帯雨林や森林の消失などにグローバルな変化が生じている。

Anthroは「人間の」という意味で、アントロポセンは人類が地球表面を実質上支配している現在を地質年代区分として表現するために提案され、非公式に使用されている学術用語である。ユージン・ストーマーによって作られ、ノーベル化学賞受賞者パウル・クルッツェンによって有名になった。ストーマーはホロシーン（Holocene，完新世）とのアナロジーでこの用語を作ったと言われている。マーカーとしてはプラスチックや放射性物質など、さまざまなものが提案されている。

人類が地球を改変しつつあるという認識はすでに産業革命時代から多くの識者によって指摘されてきた。一八〇八年にアレクサンダー・フォン・フンボルトは*Ansichten der Natur*（自然の景色）を出版して、そのような見解を述べている。一八七三年にアントニオ・ストッパーニはAnthropozoic eraを提案、一九一九年に生理学者として有名なI・P・パブロフはAnthropocene periodを提案している。アントロポセンについての自然科学、人文社会科学的な研究はまだ開始されたばかりであり、その開始時期、主要な成層学的なマーカーについてなど、今後の詳細な研究が必要である。

ここで指摘しておきたいのは、ホロシーン(完新世)からアントロポセン(人新世)へ移ったと認めることは新たな時代精神に覚醒することでもあるということである。もはや人類は自然と対立しているのではなく、自然がどのようなものでこれからどうなるかを決定するのは我々人類だという意識が生じているのである。自然の恵みという伝統的な受け止め方から、自然の生物学的富自体を減少させるのではなく増加させるような文明を作るという考え方が出てくる。パウル・クルッツェンなど多くの科学者はこのような考え方であろう。

当然このような意識や考え方には強い批判がある。人類の能力を過大評価し、自然生態系は恩恵であるという考え方や自然の保護や回復の重要性を軽視するものであり、傲慢である、などである。科学技術がこれほど発達した現在においても自然制約あるいは地球限界を免れているわけではないからである。地震、火山噴火、台風、太陽活動などを制御することは当面不可能である。

問題は、惑星管理保護責任(Planetary Stewardship)をどのように果たすかである。これについては二つの考え方がある。

アントロポセンを提唱したパウル・クルッツェンは、気候変動についても積極的に気候を操作する「気候工学」(ジオエンジニアリング)を開発するべきだと主張した。積極的順応管理で立ち向かうという考え方である。気候を人為的に操作する気候工学や生命操作、人工生態系の創出なども活用し、タブーを排しあらゆる科学技術を総動員して問題に対処するという立場である。

もう一つは、地球科学的に設定した地球的境界を守り、基本的に人類文明の発展した完新世の気候や環境を維持していこうとする立場である。地球生命圏、自然生態系には未解明な部分が膨大にある以上、慎重に手探りでPrecautionary Principle(転ばぬ先の杖原則、村上陽一郎の訳)に従って問題に対処するという考え方である。

たとえば資源消費の持続可能なターゲットをどのように設定するかという問題がある。フリードリヒ・ヒッテンバーガーは一九七〇年頃の先進国での国内資源消費はほぼ飽和し、地球環境も安定していたと考え、当時の世界の全資源使用量四五〇億トンをグローバルターゲットとした。二〇五〇年の世界人口を九〇億人とすると一人あたりのターゲットは年間五トンとなる。エドワード・ウィルソンは現在陸地の一五%、海の三%が自然保護区だが、これを五〇%まで引き上げることを提唱、地表の半分を自然保護区にすれば生物種の八〇～九〇%近くを救えると述べている（*Half-Earth*, Edward Wilson, 2016）。

筆者は第二の考え方を基本にして科学技術を慎重に利用すべきだとする立場である。そもそも惑星管理保護という考え方そのものが傲慢であるという批判はある。しかし人間活動が全地球表面に及んでしまった現在、地球システムをサステナブルにマネージメントするということがどうしても不可避となっているのである。

## 人類の生命維持システム

ここで一つのエピソードを紹介したい。

カリフォルニア大学のアンソニー・バーノスキーらは二〇一二年に「地球生命圏における状態シフト」と題する論文を科学雑誌『ネイチャー』に発表し、人間活動の拡大により生物種の大量絶滅が迫っていると主張した。当時カリフォルニア州の知事だったジェリー・ブラウンはバーノスキーに電話をかけて、科学者は論文公開だけで社会的責任を果たしたことにはならない、本当に生物種の大量絶滅が迫っているというのなら二階の屋根に上って道行く人に大声で警告しなければならないのではないかと説得した。そこでバーノスキーと夫人のエリザベス・ハドリーはブラウン知事の要請を受け、世界の五〇〇名あまりの生物学者と共同で科学者のコンセンサスをまとめ、二〇一三年に公表した。この報告書が「21世紀において人類の生命維持システムを維持することに関する科学的コンセンサス」である。

その要点は、人類という生物種が誕生して以来、より速い気候変化が起こっていること、恐竜絶滅以来、多数の生物種と生物個体が陸上と海で急速に絶滅・死亡していること、広範な生態系が一斉に消失していること、大気・水・土地の環境汚染が記録的なレベルで増加しつつあり、予期せぬやり方で人々や野生生物を傷つけつつあること、である。その結果、今日の子どもたちが中年になる頃には、人類の繁栄と存在にとって不可欠な地球の生命維持システムは、不可逆的にグローバルに劣化してしまうというのである。この報告書はジェリー・ブラウンがNASAで発表後、ただちにアメリカのオバマ大統領（当時）と中国の習近平主席に届けられたと言われている。

このエピソードは、科学者の社会的責任の取り方について一つのよい例を示していると思う。

このような認識をもとに、持続可能な開発（Sustainable Development）の概念が変わりつつある。以前は将来の世代の欲求を満たしつつ、現在の世代の欲求も満足させるような開発を意味し、①現在の私たちの生活と同じくらい豊かな生活を将来の人々も営む権利があり、経済開発が将来世代の発展の可能性を脅かしてはならないという世代的責任（世代間の公平性）、②現在に生きる人々の間でも豊かな暮らしを営むことができるようにすること（世代内での公平性）、が持続可能な開発の内容だった。

アントロポセンにおける「持続可能な開発」の再定義は、現在および将来の世代の人類の繁栄が依存している地球の生命維持システムを保護しつつ、現在の世代の欲求を満足させるような開発として定義される（東京大学の北村友人による）。SDGs（持続可能な開発目標）を達成するための努力も当然その中に含まれる。

さて、現在の文明が持続不可能であることをさらに定量的に示すいくつかの指標が考えられている。たとえば、エコロジカル・フットプリント（環境面積要求量）がある。この指標開発の先駆けの研究者である和田喜彦（同志社大学）によれば、エコロジカル・フットプリントは〝ある特定の地域の経済活動または、そこに住む人々の生活を無理なく永続的に支えていくためにどれだけの生産可能な土地が必要かを測定し、ヘクタールなどの視覚でとらえやすい面積単位で表現したもの〟である。

二〇一九年の世界のエコロジカル・フットプリントは地球の年間のバイオキャパシティ（生物生産力）の一・七五倍と計算されている。これを一年間に直して考えると、七月二九日には一年分のバイオキャパシティを消費してしまい、その日以降はそれまでの蓄積分を取り崩す事態になることを意味する。七月二九日は、二〇一九年の地球の環境容量をオーバーシュート（超過）する日であった。

ヨハン・ロックストロームらは地球的境界（Planetary Boundary）について考察し、気候変動、生物多様性消失速度、窒素循環、リンの循環、成層圏オゾン消失、海洋酸性化、グローバルな淡水利用と陸地利用変化について、地球的境界を考察している。その中で気候変動、生物多様性消失速度、窒素循環は境界値（臨界値）を超えていると指摘している。

## ドーナツ経済の定量的検討

ケイト・ラワースは、外側の地球的境界（Environmental Ceiling）と内側の社会的境界あるいは社会的基礎（Social Foundation）に挟まれたドーナツの部分が人類にとって安全で公正な活動空間であると考えた（ドーナツ経済）。**図１**（次頁）にドーナツ経済の概念図を示す。

地球的境界については、境界値を超えれば超えるほどエコロジカルに持続可能でないことを意味する。一方、社会的境界は、閾値に達しなければそれだけ社会的課題が未達成であることを示し、社会的に持続可能でないことを意味する。国連の

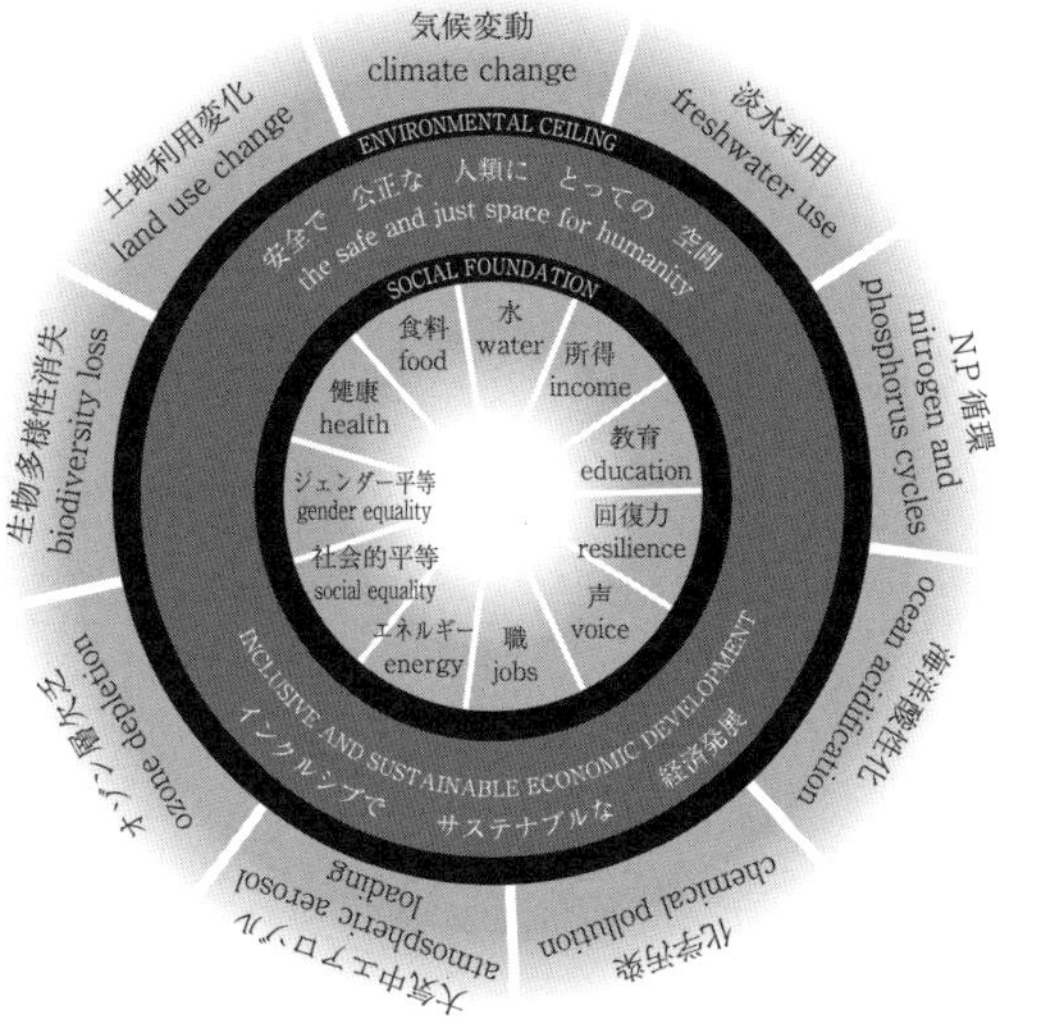


**図１**　ドーナツ経済の概念図（ケイト・ラワースによる）

一七の持続可能な開発目標（ＳＤＧｓ）も直接・間接にこのドーナツに関係している。

ケイト・ラワースのドーナツ経済のコンセプトは大変素晴らしかったが、具体性に乏しいことが欠点であった。ところが二〇一八年二月にダニエル・オニールらが世界の一五〇カ国について定量的な検討を行い、再び脚光を浴びることになった。

オニールらは地球的境界と社会的境界の間ですべての人にとってよい生活が実現できるかどうかを、可能な範囲で定量的に分析した。地球的境界として採用されたのは一人あたりの$CO_2$排出量、リン投入量、窒素投入量、淡水使用量、純一次生産（植物が光合成により$CO_2$を固定化して生産した有機物の量）、エコロジカル・フットプリント、マテリアル・フットプリントである。社会的境界として採用されたのは生活の満足度、健康寿命、栄養、衛生、所得、エネルギーへのアクセス、教育、社会的支援、民主的な質、雇用である。

二つの境界の閾値と日本の状況を**表１**、**２**に示

**表1**　地球的境界と日本の状況

| | 日本 | 1人あたりの地球的境界 | 単位 |
|---|---|---|---|
| $CO_2$ | 12.4 | 1.6 | 1年あたりの $CO_2$ 排出量(トン) |
| P(リン) | 4.6 | 0.9 | 1年あたりのP投入量(kg) |
| N(窒素) | 34.5 | 8.9 | 1年あたりのN投入量(kg) |
| 淡水 | 249 | 574 | 1年あたりの $H_2O$ 使用量($m^3$) |
| eHANPP(純一次生産) | 1.6 | 2.6 | 1年あたりのC生産量(トン) |
| エコロジカル・フットプリント | 3.8 | 1.7 | 1年あたりのグローバルヘクタール(gha) |
| マテリアル・フットプリント | 28.5 | 7.2 | 1年あたりの重量(トン) |

Ref. "A good life for all within planetary boundaries"
Daniel W. O'Neill et al, *Nature Sustainability* 1, 88-95(2018)

**表2**　社会的境界と日本の状況

| | 日本 | 閾値 | 単位 |
|---|---|---|---|
| 生活の満足度 | 6.3 | 6.5 | 0〜10 |
| 健康寿命 | 73.7 | 65 | 健康で過ごせる年数 |
| 栄養 | 2719 | 2700 | 1人1日あたりのキロカロリー |
| 衛生 | 100 | 95 | 改善された衛生設備にアクセスできる割合(%) |
| 所得 | 100 | 95 | 1日あたり1.90ドル以上の所得者の割合(%) |
| エネルギーへのアクセス | 100 | 95 | 電気へアクセスできる人の割合(%) |
| 教育 | 101.8 | 95 | 中等学校の卒業生の割合(%) |
| 社会的支援 | 91.7 | 90 | 頼ることのできる友人や家族の割合(%) |
| 民主的な質 | 1 | 0.8 | 民主的な質のインデックス |
| 雇用 | 95.5 | 94 | 労働者の雇用率(%) |

Ref. "A good life for all within planetary boundaries"
Daniel W. O'Neill et al, *Nature Sustainability* 1, 88-95(2018)

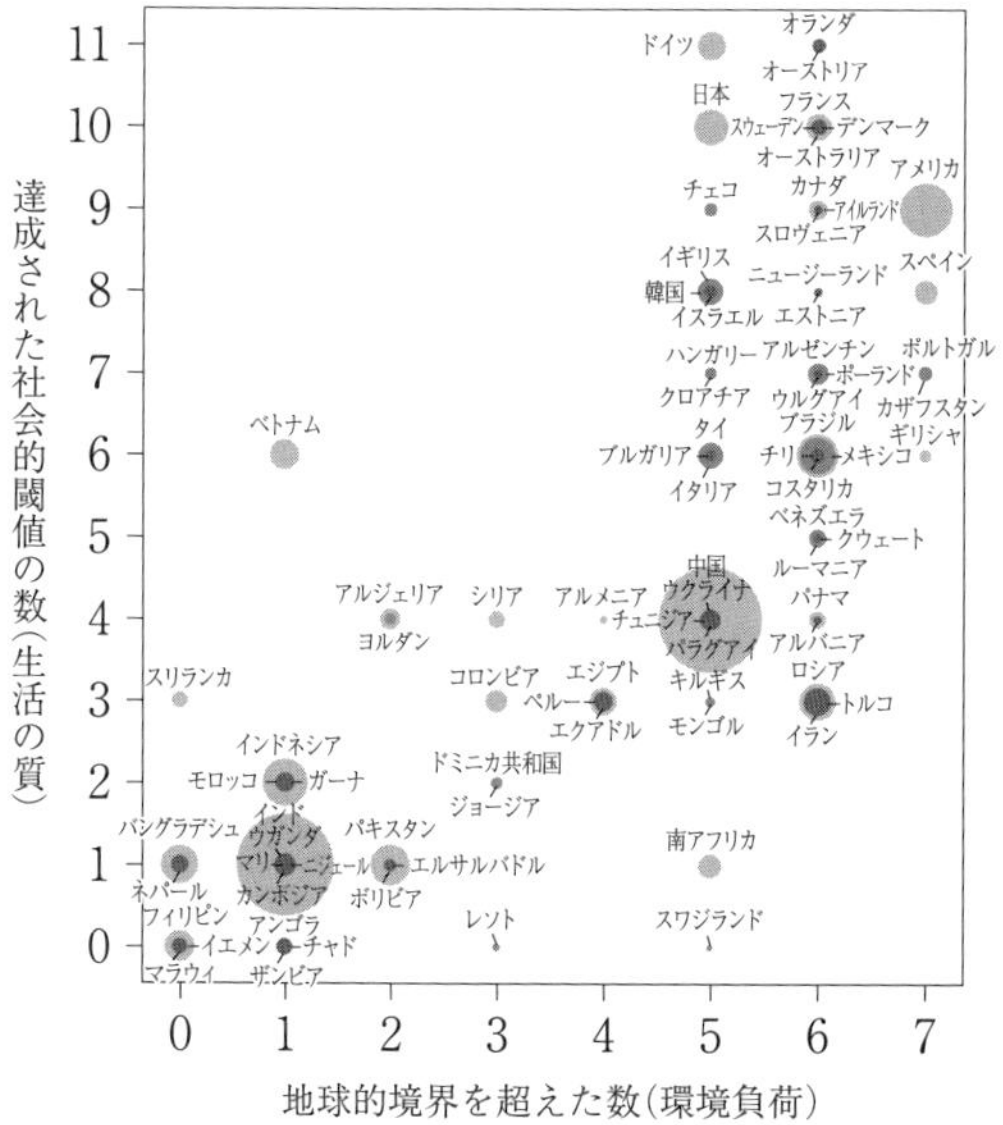


Figure: Biophysical boundaries transgressed
"A good life for all within planetary boundaries"
Daniel W. O'Neill et al (2018)

**図2**　生活の質と環境負荷の関係

した。表1は、淡水と純一次生産を除いて日本は五つの地球的境界を超えていることを示している。表2は、日本が生活の満足度を除く九つの社会的閾値を超えていることを示している。

**図2**は、達成された社会的閾値の数（グッドライフの度合）に対して超過した地球的境界の数（環境への負荷の度合）を国別にプロットしたものである。この図2で左上にあればあるほど、公正で持続可能な社会が実現されていることになる。ベトナムを除いてほとんどの国は右肩上がりの曲線近くに分布し、生活の満足を実現するために環境を犠牲にしていることが見て取れる。

オニールらは、検討した一五〇カ国について、持続可能な資源利用でその市民の基本的需要を満たしている国は一つもなかったと結論している。ただし栄養、衛生、電気へのアクセス、極端な貧困の除去のような需要は地球的境界を超えることなくすべての人に対して満たすことができるとしている。一方、より高い生活の満足度を満たすためには現在の技術、社会システムの下では持続可能な消費水準の二〜六倍の資源利用を必要とすると述べている。言い換えれば、資源エネルギーの使用には節度が必要だということである。この結論は当たり前のように思えるかもしれないが、詳細な研究の末に得られた結論であることに意義があると言えよう。使い捨て経済や過剰消費は持続不可能であり、地球倫理的に許されないのである。

この研究はドーナツ経済について初めて定量的検討を行ったものであり、さらに詳細な検討が必要なことは言うまでもないが、充足と平等を重視した持続可能な経済へ転換するための戦略が必要であることを明確に示している。筆者らは以前、各国のHDI（人間開発指数）をエコロジカル・フットプリントに対してプロットしたことがある。この研究結果と同様に右肩上がりの相関関係を見出している。すなわちHDIが高ければエコロジカル・フットプリントも高いのである。

ケイト・ラワースは地球的境界を破らずに生活の質を向上させることは可能だと主張している。すなわち脱炭素、循環経済を進めれば資源利用を現状程度に止めながら生活の質の向上が可能だというわけである。たとえば栄養不足を解決するためには世界の食糧供給の一％あれば足りる、貧しい一九％の人々に電気を供給しても$CO_2$の排出量は一％しか増えない、貧しい二一％の所得改善には世界の所得の〇・二％ですむと述べている。デンマーク工科大学のアンダー・ビョルンらは二〇〇〇〜二〇一四年の四万もの世界の企業の持続可能性報告書を分析したところ、エコロジカルな限界（地球的境界）について言及していたのはたった五％に過ぎなかったと報告している。企業や市民が地球的境界や社会的境界を真剣に意識し、社会の総力を挙げて取り組めば、ドーナツ経済の実現は不可能ではないかもしれない。

## 科学者の人類への警告

すでに述べたように、文明の環境負荷が膨大でいくつかの環境容量を超えていることから、現在の文明の持続不可能性については明らかである。文明が持続不可能ということは、それを支える環境と気候が持続不可能ということでもある。

二〇一七年にはウィリアム・リップルら一八四カ国の一万五三六四名の科学者が署名して、人類に対して二度目の警告を発表している。

「二五年前、憂慮する科学者同盟と当時生存していた科学分野のノーベル賞受賞者の大半を含む一七〇〇名以上の科学者が、〝世界の科学者の人類に対する警告〟を公表した。これらの科学者は、人類に対する多くの厄災を避けるには環境破壊を縮小し、地球とそこに生息する生命についての我々のスチュワードシップ（管理保護責任）の強化が必要だと結論した。そのマニフェストで、人類は自然界と衝突コースにいることが示された。そこで指摘された問題は、オゾン層の欠乏、淡水の利用可能性、海洋生物減少、海洋酸素欠乏領域、森林減少、気候変動、継続する世界の人口増加である。衝突を回避するためには基本的な変革が緊急に要請されるとした。人類は〝オゾン層の欠乏〟以外は問題の解決に失敗し、事態を悪化させてきた。特に化石燃料の燃焼、森林伐採、農業生産によって温暖化ガスを大量に放出し、カタストロフ的な気候変動危機を招いている。また五億四〇〇〇万年の歴史における第六番目の生物絶滅を引き起こしている」（Yukako Inamura, Natsuko Kaneyama 訳）

そして、人口抑制（夫婦あたり子ども二人まで）と、一人あたりの化石燃料、肉、他の資源消費を劇的に減少すること、そのための一三の政策を提案している。

# 第2章　革命前夜2——極端気象と気候変動

## 二〇一八年の気候——世界気象機関の報告書

二〇一八年八月から革命とも言える事態が始まったと述べたが、その背景には二〇一五年以降、特に二〇一八年に熱波や巨大ハリケーンなどの極端な気象が頻発したことが挙げられる。では、二〇一八年はどのような気候だったのだろうか。世界気象機関（ＷＭＯ）は世界の気候に関する二〇一八年の報告書を公表している。

1　二〇一八年の世界の平均気温は観測史上四番目に高い（二〇一六、一五、一七、一八の順）。

2　水深七〇〇ｍまでの海水温は観測データのある一九五五年以降最高を記録、水深二〇〇〇ｍまでの海水温も二〇〇五年以降最高を記録。

3　$CO_2$濃度：三五七・〇ｐｐｍ（一九九四）、四〇五・五ｐｐｍ（二〇一七）。

4　気象災害：極端気象により六二〇〇万人、洪水によって三五〇〇万人以上に影響を与えた。〔アメリカ〕ハリケーン・フローレンスとマイケルは一〇〇億ドル規模の災害をもたらした。〔フィリピン〕台風マングートは、二四〇万人に影響を与え、一〇〇人の死者をもたらした。

5　熱波：死者一六〇〇人（ヨーロッパ、日本、アメリカ）。アメリカでの被害額二四〇億ドル。

6　栄養失調人口：八・二億人増加。

7　ＩＤＰｓ（International Displaced Persons＝環境難民）：一七七〇万人、うち二〇〇万人は気象災害による。二〇一八年の新たなＩＤＰｓは八八・三万人、うち三二％は洪水、二九％は干ばつによる。

8　熱波にさらされた人数：一・二五億人増加、熱波の期間は一九八六～二〇〇八年に対して〇・三七日長期化。

9　二〇世紀半ばと比較してグローバル海洋酸素濃度は一～二％減少。

10　グローバル平均海面水位の上昇：二〇一七年と比較して三・七mm上昇、記録的に過去最高。平均上昇速度：三・一五±〇・三mm／年、氷床融解が主原因。

## フューチャー・アースの一〇の洞察

世界気候研究計画（ＷＣＲＰ）、地球圏―生物圏国際協同研究計画（ＩＧＢＰ）、生物多様性科学国際協同研究計画（ＤＩＶＥＲＳＩＴＡＳ）と地球環境変化の人間的側面国際研究計画（ＩＨＤＰ）が発展的に統合した国際協同研究プラットフォームが、二〇一五年に設立されたフューチャー・アースである。

　フューチャー・アースとアース・リーグ（世界中の著名な研究機関と科学者からなる国際同盟）による共同の報告書が二〇一八年一二月のＣＯＰ24で公表された。そこで述べられた一〇の洞察のエッセンスを紹介すると、以下のようになる。

1　極端気象は今や明確に気候変動の影響を受けている。

2　増大する気候インパクトはティッピング・ポイントを越えるリスクを示している。世界の平均気温が2℃以上上昇すれば、灼熱地球への閾値を超える恐れがある。

3　1・5℃と2℃の温暖化によるインパクトには大きな違いがある。1・5℃目標は惑星的気候バウンダリーとして強く望ましいものである。

4　海面水位上昇の加速化とその未来についての新たな知見。南極大陸からの氷床の損失速度はＩＰＣＣ（二〇一四）予測値の二倍に達している。2℃から1・5℃目標にすることにより五〇〇万人の難民化を防止することが可能である。

5　パリ協定達成のための前提、植物と土壌の管理。二〇〇七～二〇一六年の土地利用変化により四七億トンの$CO_2$が排出され、これは全$CO_2$排出の一二%に相当する。

6　大気からの$CO_2$除去の選択肢は限られている。1・5℃目標達成のためには、今世紀中に大気中から一〇〇〇億～一兆トンの$CO_2$除去が必要である。大規模な$CO_2$除去には持続可能性上制約があるため、$CO_2$排出量削減の強化が求められる。

7　1・5℃目標達成のためには社会－技術的な大転換が必要。二〇三〇年までに二〇一〇年水準の$CO_2$排出量の半減が必要。

8　より強力な政策手段が気候リスクを減少させる。1・5℃未満に抑制することにより、二〇兆ドルの経済的損失を減少させることができる。

9　健康と温暖化ガス削減のために食料システムの転換が必要。

10　気候変動の抑制には健康上の利益がある。

このように、二つの報告書によって私たちがどのような気候に直面しているかは明らかであろう。

## 二〇一九年の気候

二〇一九年も世界各地で異常気象が報じられた。WMOによると、一月にはアメリカ中西部ミネソタ州で三〇日、体感温度が氷点下53・9℃の猛烈な寒さを記録した。オーストラリアは熱波に襲われ、アデレードで最高気温46・6℃を記録した。降水量は平年の三八%にとどまり、南部タスマニア州で山林火災が多発し四万ヘクタール以上を消失した。アルプスは大雪で、オーストリアのチロル地方では一月一日から一五日までに一〇〇年に一度と言われる四五一㎝超の積雪を観測した。アメリカのアラスカ州では三月の気候が五月並みになり、アンカレッジ、フェアバンクスにほとんど雪がなく、気温が零下にならないと伝えられている。五月には日本の北海道の佐呂間で全国の五月の観測史上の最高気温39・5℃を記録した。六月にはヨーロッパ各地を熱波が襲った。六月二八日にはフランス南部で最高気温46℃を記録し、別の日にパリも42・6℃を記録した。

一方、南極大陸では一九九二年から二〇一七年までに三兆トンの氷が失われ、その四〇%は過去五年間に失われたことを八〇名ほどの科学者が公表した。グリーンランド氷床も急速に融解しているると報じられている。二〇一九年七月だけで一九七〇億トンの氷が融解したと推定され、八月一日だけで一二五億トンが融解したと考えられている。

グリーンランド氷床ばかりではなく北極海氷も急速に融解しており、二〇一二年の記録に迫るかもしれないと考えられている。北極海氷の面積は通常三月に最大になり、九月に最小となる。地球温暖化の進行とともにこの九月の北極海氷面積が縮小を続け、いずれ海氷がなくなるのではないかと懸念されてきた。三〇年前と比べて九月の北極海氷面積はすでに半減している。

北極海氷航路の利用や北極海における資源開発の可能性もあり、北極海氷の研究は一〇年前と比較して一新された。世界の多くの研究グループが九月の北極海氷面積などの予測の競争を始めているのである(Sea Ice Prediction Network 海氷予測ネットワークのホームページ参照)。二〇一九年九月の北極海氷面積は三九〇万km²となり、二〇一二年に続いて二番目の小ささとなった。北極評議会(Arctic Council)の二〇一七年の報告書によれば、二〇四〇年までに夏の北極海氷は消滅すると予測されている。北極海氷が消滅すると、太陽光線が反射されずに海を直接暖めることになり、地球温暖化が加速される。

それでは、世界の平均気温はこの北極海氷消滅でどの程度上昇するのであろうか。いろいろな研究があるが、ここでは東京海洋大学教授の島田浩司の見積もりを示そう。島田は日本の北極海氷研究の第一人者で、北極海には二二回観測に行っている。北極海氷が消滅した海域では気温は20℃

上昇する。北極海の面積は全球の三％、海氷面積はその半分の一・五％なので、世界の平均気温は海氷消失で0・3℃上昇すると見積もられる。これは大変大きな影響である。北極海氷を守るためにも世界の平均気温の上昇を1・5℃未満に抑制すべきと考えられる。

二〇一九年はシベリア、アラスカ、グリーンランド、カナダなど北極圏における森林火災とアマゾンの森林火災も大変深刻な問題となった。六月だけで北極圏の森林火災により五〇〇〇万トンの$CO_2$が排出されたと見積もられているのである。

海洋熱波(Marine Heatwaves＝MHWs)、地域的な海洋の極端な温暖化の頻度が高まっている。太平洋、大西洋、インド洋の多くの領域はMHWsに脆弱である。年間の海洋熱波の発生回数(日数)はこの六〇年ほどで五四％上昇。二〇一一年にオーストラリア西部付近で一〇週間続いた海洋熱波では生態系全体が壊滅的な状態に陥り、商業漁業の対象種となる魚が低水温域に移動しそのまま戻って来なくなった。広大な藻場やコンブの森が壊滅、それらに依存する魚やアワビなどが全滅した。浅水域での熱波のいちばんの被害者はサンゴである。世界の平均気温上昇を1・5℃未満に抑制したとしても、最大九〇％のサンゴが死滅する可能性が高いとされている。

## 極端気象と気候変動――要因分析(EA)とは

しかし、人間活動が原因の地球温暖化は気候変化であり、個々の極端な気象にこの気候変化がどのように関与しているかはただちには明らかでない。自然変動によっても極端な気象は発生するからである。そこで、極端な気象に人間活動が原因の現在の地球温暖化がどの程度寄与しているのかを評価する「イベント・アトリビューション」(Event Attribution＝EA)の基本的事項と最近の研究成果について、ここで整理しておこう。

極端な気象に気候変動(Climate Change)がどの程度寄与しているのかについて研究すること(極

端気象の要因分析Eextreme Weather Attribution）は政策決定者にとって有用である。また市民にとっても生活行動を変えるために役に立つ。

気象と気候は異なった概念なので、ある特定場所の個々の気象が地球温暖化によって引き起こされていると言うことはできない。しかし地球温暖化によりそのような極端気象の発生確率が増加しているとか、それが起きた時に強度あるいはその期間においてより激しくなっているということは要因分析によって言うことができる。それには気候モデルを用いて温暖化している地球と温暖化していない地球の気候を大量にシミュレーションして比較しなければならない。

たとえば二〇〇三年に七万人の死者を出したヨーロッパの熱波の発生確率は人為起源の地球温暖化により二倍に増加していたことが示されている。

## 極端気象の要因分析の最近の成果

最初の要因分析の研究はピーター・スタットらによって二〇〇四年に発表された。アメリカ気象学会は二〇一二年以来、ＥＡ研究を毎年ＢＡＭＳ（The Bulletin of the American Meteorological Society）に掲載している。二〇一七年までに一三一のＥＡ研究が公表されている。それらのうちの六五％が気候変動によってその強度あるいは発生確率が増加しているが、残りの三五％については気候変動の寄与は認められなかったと結論している。すなわち三五％については通常の自然変動で発生した極端気象ということである。

気候変動が寄与していると分析されたアメリカの最近の極端な気象例には次のようなものがある。

Ａ　ハリケーン・ハービー（二〇一七年八月）：記録的な雨量、強度一五％増大、発生確率三倍に増加。

Ｂ　冬期の熱波（二〇一七年二月）：発生確率三倍に増加。

Ｃ　ルイジアナの洪水（二〇一六年八月）：発生確

率四〇%増加。

Ｄ　ハリケーン・サンディ（二〇一二年一〇月）：地球温暖化による平均海面水位八インチの上昇によって一八八〇年に比べて氾濫面積が二七平方マイル増加。

気候変動がなければ起こり得なかった世界の極端な気象としては、次の三例が挙げられている。言い換えれば、一〇〇%人間活動が原因の地球温暖化によって発生したということである。

◎二〇一六年のアジアの熱波
◎二〇一六年の世界的な記録的熱波
◎二〇一六年の高緯度の海洋の高温とそのアラスカへの影響

### 要因分析の信頼性

「憂慮する科学者同盟」（Union of Concerned Scientists）は、ＥＡの現状を次のように整理している。

Ａ　弱い証拠：少雨あるいは干ばつ、竜巻、雷。
Ｂ　証拠が増加しつつある：アメリカ西部の森林火災。
Ｃ　強い証拠：豪雨あるいは豪雪、大西洋のハリケーン増加、高潮、嵐による洪水、乾ききった土壌。
Ｄ　最強の証拠：熱波、ハリケーンによる豪雨。

現在、ＷＷＡ（World Weather Attribution）という民間のコンソーシアムが結成されて世界の極端気象の要因分析が行われ、公表されている。ＷＷＡに参加している機関はオックスフォード大学環境変化研究所、オランダ王立気象研究所（ＫＮＭＩ）、赤十字赤新月気候センターである。二〇一八年については次のような分析がなされている。

Ａ　ケープタウンの水危機（二〇一八年七月一三日）：発生確率は気候変動によって三倍に高まった。

B　夏の北欧の熱波（二〇一八年七月二八日）：北極圏で極端だが南方ではそれほどではない。気候変動によって発生確率は二倍に高まった。

C　日本の豪雨（二〇一八年七月一七日）：気候変動によってこのような豪雨は発生しやすくなる。

ここで、日本におけるＥＡの研究を紹介しよう。東京大学大気海洋研究所の木本昌秀は、地球温暖化がもたらす極端気象の増加について次のような日本の研究事例を挙げている。二〇一〇年のロシアの熱波、二〇一〇年南アマゾンの干ばつ、二〇一三年六〜七月のアメリカ南西部の熱波、二〇一三年六〜七月の南日本の熱波である。しかし二〇一二年六〜七月の南日本豪雨については人間活動の寄与が検出できなかったと述べている。

気候モデルやコンピューターの性能などの問題もあり、ＥＡは発展途上の分析手法である。しかしこれらの研究から木本は「温暖化に伴い極端気象が増加する。気温はますます高く、豪雨は激しく、台風も強大化、防災対策はますます肝要に、温暖化抑止にはゼロエミッションが必要」と結論している。

## 日本の極端気象に対するＥＡ

では、日本の二〇一八年の猛暑についてはどのような分析が行われているのであろうか。二〇一八年七月、日本列島は記録的な猛暑に見舞われ、同月の熱中症による死亡者数は一〇〇〇人を超えた。これは、二〇一〇年八月の七六五人をはるかに超えて、熱中症による月別の死亡者数としては過去最多となった。さらに二〇一八年は、全国のアメダス地点における猛暑日（日最高気温が３５℃以上の日）の年間の延べ地点数が六〇〇〇地点を超え、過去最多を記録した。

気象研究所、東京大学大気海洋研究所、国立環境研究所の研究チームは、多数のシミュレーション結果を用いて、地球温暖化が二〇一八年七月の日本列島の記録的猛暑の発生に与えた影響を推定するとともに、猛暑の発生回数の将来見通しを評価している。その結果、「今回のような猛暑の発生確率が、地球温暖化の影響を受けている平成三〇年七月の気候においては約二〇％であったのに対し、地球温暖化の影響がなかったと仮定した場合（工業化以降の人為起源による温暖化ガスの排出がないと仮定した場合）においてはほぼ〇％であったと推定された。さらに、工業化以降の全球平均気温は現在約１℃上昇しているが、今後『パリ協定』において世界共通の長期目標として設定された２℃まで上昇したと仮定した場合、日本国内での猛暑日の年間発生回数（一年間に全アメダス地点で発生する総回数）は現在の一・八倍となると推定された。これは、我々が過去にほとんど経験したことのないような頻度で猛暑の発生が増加することを意味している」と結論している。

メディアは、極端気象の大半が人為起源の地球温暖化によって激化している人災であるということを十分伝えてこなかった。これが日本において気候非常事態宣言をする自治体が非常に少ない要因の一つと考えられる。

そういうなか、ようやく二〇一九年八月二〇日のＮＨＫの『時論公論』で「記録的猛暑～確かになる温暖化の影響」と題した松本浩司（ＮＨＫ解説委員）による解説が放送されている。その中で、上記で紹介した気象研、東京大学、国立環境研の研究を紹介し、二〇一八年七月の猛暑は温暖化がなければ起こることはなかったと述べている。また気象研の川瀬宏明らの研究グループによる二〇一八年の西日本豪雨のＥＡについても紹介し、全体で温暖化により総雨量が約七％増えた可能性があることについても触れている。

番組の最後で松本は、同じく気象研の今田由紀子らのもう一つの深刻な予測を紹介している。世界の平均気温の上昇が１・５℃を超えると日本の猛暑日は１・４倍に増え、経験したことのない高温も起こるようになり、熱中症による被害が拡大する。そして最高気温が３５℃を超えると熱中症

西日本豪雨で広範囲が浸水した岡山県倉敷市真備町地区
(2018 年 7 月 8 日撮影，共同)

死亡率が急激に高くなると考えられるのである。松本は「科学のメッセージを受け止め、温暖化を食い止める努力と熱中症などへの対策を急ぐことが求められています」と結論している。

二〇一九年九月には、気候が非常事態にあることを裏付けるような暴風雨がカリブ海と日本を襲った。九月一日から三日にかけてカテゴリー5のハリケーン・ドリアンがバハマに壊滅的被害を与えた。分かっているだけで死者は五〇名、行方不明者一三〇〇人、七万人が住居を失ったと報じられ、六五億ドルもの経済的損失があったと推定されている。

一方、九月九日に首都圏を直撃した台風15号(ファクサイ)は記録的な暴風雨をもたらした。千葉市付近で最大瞬間風速五七・五 mを観測した。首都圏の交通は麻痺し、千葉県を中心に九三万軒もの大規模停電が発生し、復旧に三週間を要することになった。

ここで一〇月一二〜一三日に上陸して甚大な被

害をもたらした台風19号(ハギビス)について述べておこう。台風19号は一〇月六日に発生し、平年よりも高い海水温の海域を通過しながら急速に発達した。七日夕刻までの二四時間に中心気圧が七七hPa低下した。発生からわずか三九時間で九一五hPaまで発達し、中心付近の最大風速が五四m/s、暴風域が直径六五〇kmとなった。予測通り一二日一九時頃に強い勢力のまま伊豆半島付近に上陸し、関東地方と福島県を縦断した。降水量は箱根町で降り始めからで一〇〇〇mm、一二日だけで九二二・五mmに達した。

各地で豪雨による災害が発生した。一〇月一八日の段階で判明した被害は、堤防の決壊が七県の七一河川、一二八カ所、土砂災害は二〇都道府県の三六五カ所に及び、死者八二名を出した。

地球温暖化が進むと、平均気温の1℃上昇に伴って大気に含まれる水蒸気量が七%増え、したがって降雨量も増加すると予想されている。二〇一八年の西日本豪雨などがこれによって理解できる。

気象研究所の予測によれば二一世紀末、世界の平均気温が3℃上昇した場合、スーパー台風(最大風速五九m/s以上)は減少するが、海面水温の上昇により日本の南海上を猛烈な台風が通過する頻度は増加するとのことである。気温が2℃上昇すると、一〇〇年から二〇〇年に一度だった豪雨の発生頻度が日本において二倍になると予測されている。国土交通省は過去の最大規模の水害を基準に行っていた現行の水害対策を、地球温暖化を考慮した対策に転換すると発表した。

地球温暖化の台風活動への影響についてまとめておこう。これは海洋研究開発機構(JAMSTEC)の小玉知央の講演資料(SPEED研究会、一〇月一一日)によるものである。数値計算のためのメッシュサイズを、通常は一〇〇kmだったものを一四kmまで小さくして、一つひとつの雲の動きまで計算可能にした新たな高解像度モデルを用いているのが特長である。その結果、地球温暖化に伴う台風の発生数、強い台風の発生数、台風に伴う降水の変化は、先行研究ではそれぞれ五～三〇％減少、〇～二五％増加、五～二〇％増加だったものが、高解像度モデルでは二二・七％減少、六・六％増加、一一・八％増加という値が得られている。台風に伴う降水は半径一〇〇km以内の値である。

高解像度モデルはＩＰＣＣ第五次報告書におけるコンセンサス、〃地球温暖化に伴い全球の台風発生数は減少するが、強い台風の発生数は増加する。台風に伴う降水は増加する〃を支持している。

過去数十年の台風観測から最大発達緯度の高緯度シフト、移動速度の低下、東アジアにおける上陸数の増加が指摘されているが、年々変動が大きく変化はそれほど明瞭ではないと小玉はまとめている。観測・シミュレーションによる予測ともにまだまだ不確実性は大きいが、リスクが高まっていることは明確であり、〃気候危機〃として対処すべきであろう。二〇一九年の台風一九号による甚大な被害をよい教訓とすべきである。

## 気候工学（ジオエンジニアリング）の可能性と問題点

温暖化ガスの大量排出による地球温暖化を抑止するにはどうしてもゼロエミッションを実行するしかない。しかしパリ協定の１・５℃努力目標を達成するには二〇三〇年までに約五〇％もの排出量削減が必要とされる。これを一〇年ほどで達成するには、世界全体で毎年七％もの削減をしなければならない。これまで世界のどの国も年率七％もの削減に成功してはいない。

実は温暖化を抑止するには別の方法がある。地球は雪や雲などにより全体として太陽光を三〇％宇宙へ反射している。この反射率をアルベドと呼んでいる。人為的にこのアルベドを増加させ地球を寒冷化させることによって温暖化ガスによる地球温暖化を相殺できるのではないかというアイデアがある。相殺に必要なアルベドの増加分をＡ、太陽定数をFs、温暖化ガスによる放射強制力（工業化以前を起点として）をＦとすると、関係式はいたって簡単で、FsＡ/４＝Ｆとなる。Ｆとして二〇一一年時点の2.29（W／m$^2$）、Fsは1370（W／m$^2$）であるからAは0・0067と計算される。つまり現在の地球のアルベド0.3を0.3067にわずかに増加させるだけで現在の温暖化ガスによる地球温暖化を相殺できるというのである。

これを太陽放射マネージメント（Solar Radiation Management＝SRM）と呼ぶが、いくつかの問題点がある。余分な太陽光反射を作り出すために硫酸エアロゾルを成層圏に注入することが想定されているが、その場合酸性雨の問題や、場所によっては降雨量の減少の心配が出てくる。また、一度始めると温暖化の相殺のために毎年続けなければならなくなる、成層圏エアロゾルによって太陽光が反射されてしまうために今までのような青空は見られなくなる、さらに$CO_2$が海水に溶けて海洋を酸性化する問題を解決できない、などの問題がある。現在この方法は不確実性が多く、NGOなどの強い反対で屋外での大規模実験は行われていない。

そのため、よりソフトな気候工学に関心が集まり、大気中の$CO_2$を除去する技術（Negative Emissions Technologies＝NETs）が注目を集めている。実は二〇一八年はNETs元年と呼んでよい年だったのである。パリ協定の2℃目標、1・5℃努力目標達成のためには省エネや自然エネルギーへの転換では間に合わず、NETsに頼らざるを得ないのではないかということがIPCCの1・5℃特別報告書にも書かれていた。

そこで、ヨーロッパの国立科学アカデミー連合（EASAC）、英国王立協会、全米科学アカデミー、日本経済産業省のICEFなどから相次いで報告書が公表された。二〇一八年五月二二〜二四日にはスウェーデン、イエテボリのチャルマース工科大学でNETsに関する初めての国際会議が開催されている。NETsの可能性は大きいものの、大規模に実施した場合の食料生産や環境への影響など未解明な部分が大きく、二〇三〇年あるいは二〇五〇年までのカーボンニュートラル実現にどこまで使えるかは分かっていない。現在ＬＣＡ日本フォーラムはＮＥＴｓ研究会を起ち上げ、日本全体のＮＥＴｓによる大気中の$CO_2$除去ポテンシャルの評価を開始している。

## 環境と気候は非常事態なのか

問題は、環境と気候が劣化しつつあるとは言っても、人類や他の生物にとって非常事態（Emergency）と呼べるような状態にあるのかどうかである。非常事態かどうかの判断は結局主観的にならざるを得ないが、相次いで発表された次の六つの報告書により、すでに人類や他の生物に甚大な被害が発生しており、今後数十年で壊滅的損害が生ずるリスクがあると判断する根拠とされている。

① 21世紀における人類の生命維持システムの保全（Maintaining Humanity's Life Support Systems in the 21st Century、二〇一五）
② ＩＰＣＣ１・５℃特別報告書（二〇一八）
③『ランセット』のカウントダウン報告書（二〇一八）
④ ＩＰＢＥＳ生物多様性報告書（二〇一九）
⑤ ＩＰＣＣ気候変動と土地特別報告書（同）
⑥ ＩＰＣＣ気候変動と海洋、雪氷圏特別報告書（同）

ここではいくつかの報告書の内容について簡単に見てみよう。英国医学誌『ランセット』は地球温暖化による健康影響を調べるプロジェクト「ランセットカウントダウン」を実施して二〇一八年版報告書を公表している。その主な結論は次のようなものである（小坪遊、『朝日新聞デジタル』より）。

Ａ　二〇一七年に熱波にさらされた人は二〇〇〇年に比べて世界で約一億五七〇〇万人増加。熱波とそれによる健康被害は世界で一五三〇億時間の損失をもたらした。中国だけで一年間で労働人口の一・四％、インドでは同七％が働けなかったのと同じ損失である。

B　熱波を含む異常気象は二〇一七年に世界で七一二件発生し、三二六〇億ドルの経済損失につながった。これは二〇一六年の損失の三倍。

C　喘息発作や熱中症の増加。デング熱、ジカ熱、マラリアなどを媒介する蚊の分布域の拡大。

プロジェクトのヒュー・モンゴメリー共同議長は「酷暑の危険性は世界中ですべての人にとって受け入れがたいほど高まっている」と述べ、気候変動は公衆衛生上の緊急事態、気候変動は今ここにある問題としている。

次に、「一〇〇万種が絶滅危機」と警告するIPBESの生物多様性報告書の内容を見てみよう。「世界中の専門家が参加する『生物多様性及び生態系サービスに関する政府間科学政策プラットフォーム』（IPBES）は、陸地の七五％が人間活動で大幅改変され、約一〇〇万種の動植物が絶滅危機にあるとの報告書を公表した。現在の絶滅速度は、過去一〇〇〇万年間の平均に比べて一〇〜一〇〇倍以上で、さらに加速しているという。二〇一〇年に名古屋市であった国連生物多様性条約第10回締約国会議（COP10）では生態系保全のための愛知目標が採択されたが、二〇の個別目標のほとんどは期限の来年までに達成できない見込みだ」（『毎日新聞』より）。この内容は、前述したバーノスキーらの報告書の内容と一致している。

最後に、IPCC気候変動と土地特別報告書（二〇一九年八月八日公表）の主な内容に触れよう。

A　気候変動によって干ばつや洪水が増える。こうした気候変動による農業の収率低下の影響が大きく、食料安定供給のリスクが高まる。深刻化する土地と気候変動の解決策のカギは森林の保護と回復、そして食生活を変えて世界の食料システムを緊急に改善することにある。

B　食品の生産から加工、調理、消費までの世界全体の食料供給システムは人の活動が原因となるCO$_2$排出量の二一〜三七%を占めると推定。

C　人類史上かつてない速度で土地が農地に転換されており、肉の消費量は過去六〇年間で二倍以上になった。

では、気候非常事態宣言を求める運動を展開しているNGOは、どのような問題を〝非常事態〟と捉えているのであろうか。NGO「絶滅への反乱」(Extinction Rebellion, 後述)は次のような現象に言及して、総合的に人類は環境と気候の非常事態に直面していると述べている。

A　海面水位の上昇
B　沙漠化
C　森林火災
D　水不足
E　穀物生産への被害
F　極端な気象
G　何百万人もの人が移住を余儀なくされる
H　病気
I　戦争、紛争のリスクの増大

以上のように、今日の気候および環境が危機的であり、非常事態にあるという認識の広がりから、メディアでは用語の変更を決めたところも出始めた。二〇一九年五月、イギリスの『ガーディアン』紙はClimate Change(気候変動)をClimate Emergency(気候非常事態)、Climate Crisis(気候危機)、Climate Breakdown(気候崩壊)へ、Global Warming(地球温暖化)をGlobal Heating(地球過熱化)に変更している。なお、オックスフォード英語辞典は二〇一九年の「今年の言葉」にClimate Emergencyを選んだ。

## 科学的知見をどのように利用するか

最後に科学的知見を私たちの意思決定、政策決定にどのように利用したらよいか考えてみたい。

現代の科学技術は社会経済と密接に結びついて

おり、人類の繁栄や福祉に大きく貢献すると同時にその限界と倫理的問題もまた指摘されている。科学技術自体が複雑な社会システムを形成していて科学の営為そのものが価値中立ではなくなり、また技術の進展が倫理的空白を生み出し、それが新たな技術開発を導くという側面があると指摘されている(『科学の限界』池内了著、ちくま新書、二〇一二年、『科学・技術と社会倫理』山脇直司編、東京大学出版会、二〇一五年)。

温暖化の科学にしてもすべての分野に通じ、毎年発表される膨大な論文すべてに目を通すことのできる万能の科学者はもはや存在しない。したがって、リスク評価や政策決定にあたっては専門家集団の共通見解が必要になる。このような必要性から国連に作られたのが気候変動パネル(ＩＰＣＣ)、生物多様性パネル(ＩＰＢＥＳ)、資源パネル(ＩＲＰ)である。特にＩＰＣＣは歴史が古く、一九八八年に世界気象機関(ＷＭＯ)と国連環境計画(ＵＮＥＰ)により設立された。

国立環境研究所の高橋潔の解説を引用すると、「ＩＰＣＣの使命は、温暖化研究を独自に企画実施することではなく、既存文献に基づき温暖化に関する最新の科学的知見を収集・評価し、現時点で科学的にどの程度分かっているのかを整理して示すことです」「各作業部会での評価作業は定期的に行われ、その報告書は国際的に合意された科学的理解として政策検討・国際交渉の場面でも多用されてきました。そのような経緯から、科学的知見に依拠して望ましい特定政策を提案することがＩＰＣＣの役割である、との誤解を受けやすいのですが、設立以来ＩＰＣＣは政策中立を原則としており、特定の政策を提案することはありません」と述べている。

科学的知見に基づいて意思決定、政策決定を行うには三つの段階がある。まず膨大な科学的研究、次にその科学的研究成果の総括、その総括を社会の側がどのように受け止めて政策を決定するかである。ＩＰＣＣの使命は第二段階にあり、特にその政策決定者向けの要約（SPM）は参加国の代表者らによって審議され、必要な加筆修正をされたものがCOPで一行ずつ全会一致で承認されるため、コンセンサスの度合いが高いと受け止められている。

IPCCの第五次報告書（二〇一三年公表）によって、現在の地球温暖化が人為起源の温暖化ガスにより起きているという結論はほぼゆるぎないものとなった。しかしながらその結論が政府の政策や企業の経営戦略に十分反映されず、相変わらず温暖化懐疑論や否定論が根強く残っている。

すべての問題の決着を待って政策決定するのでは手遅れになるとの危機感から、全米科学アカデミーは二〇一〇年五月七日、科学雑誌『サイエンス』に「気候変動と科学の健全さ」と題して声明を発表した。この声明にはアカデミー会員二五五名全員が署名している。その骨子は「科学的知見が絶対確実になるまで社会は待つべきだということは、社会はいかなる行動も取ってはならないと言うことと同じだ」というのである。「気候変動のように潜在的にカタストロフィックな問題に対して何の行動も取らないことは、私たちの惑星に対して危険なリスクを与える」とも述べている。

ここで改めて考えなければならないのは、科学的知見とはあくまで仮説であるということである。あるいはモデルと言ってもよい。問題は、実験による検証で徹底的に確かめられた仮説やモデルかどうかということである。科学的知見はあくまでも仮説でありモデルであり、相対的真理であって絶対的真理ではない。いつの日にか新たな観測結果からモデルの修正、変更をしなければならなくなる日が来るかもしれないのである。

全米科学アカデミーの声明にあるように、第三段階の科学的知見の利用に当たっては、この科学の不確実性を考慮しながらも、社会的に重大な被害をもたらすような問題に対しては予防的な見地から対策を取らなければならないというのである。Precautionary principle は予防原則と訳されることが多いが、因果関係が十分に明らかでない場合も含めて〝転ばぬ先の杖〟原則（村上陽一郎訳）と呼んだ方がいいかもしれない。

ところで、懐疑的（Sceptic）であるということは科学的方法の常道であって、悪いことではなく、むしろ積極的に勧められるべきものである。何でも疑ってかかり、モデルによる予測と実験による検証を繰り返してモデルの信頼性を確かめていくことは望ましいことである。しかし、十分な証拠が蓄積しているにもかかわらず懐疑的であることは真の懐疑的の名に値しない。そのような意味で『ガーディアン』紙は温暖化懐疑論者（Climate Sceptic）と従来呼んでいたものを、今後は温暖化科学否定論者（Climate Science Denier）と呼ぶことにすると発表している。人為起源地球温暖化説には今日十分な科学的証拠があるからである。またBBCも、地球温暖化について論争中であるかのように人為起源温暖化説とその他の説（たとえば自然変動説）を同じように取り上げるのは誤ったバランスの取り方で読者・視聴者の誤解を招くとして、今後は行わないと表明している。

仮説間の論争は個別学会でまず行うべきである。IPCC報告書は最良の科学的知見であると呼んでいいと思うが、コンセンサスである以上、限界もあることを認識しておくべきであろう。いわゆるESLD（Erring on the Side of Least Drama）、保守的な見解に偏る側面があると科学哲学者は分析している。したがって実際的にはIPCC報告書の見解を中心にして最新の研究成果も合わせて考慮することが望ましい態度ではないだろうか。

科学者はどのように専門的な科学的知見を社会に伝えたらよいのであろうか。これはアドボカシーの問題だが、思い出されるのはジェームズ・ハンセンである。二〇〇四年に「地球温暖化時限爆弾の信管を抜く」（Defusing the Global Warming Time Bomb）と題する大変重要な論文を発表している。ハンセンの主張は、科学者は社会的に重大な結果を招く問題については控えめさ（reticence）

を捨てて社会に警告する責任があるということである。ハンセンは石炭火力発電所の建設反対運動に参加し、警察に逮捕されたこともある。

ケヴィン・アンダーソンは英国労働党のブレア元首相の科学アドバイザーだったこともあるが、世界の平均気温が4℃上昇した「4℃世界」は絶対に避けるべきだと警告し続けている。地球の表面温度が工業化以前と比べて4℃上昇すると、陸地表面では平均気温が5～6℃上昇し、低緯度地方ではとうもろこしと米の生産量が四〇％減少する、よって4℃世界では大量の犠牲者が出るというのである。アンダーソンはスウェーデン滞在中にグレタ・トゥンベリ一家とも対談をしている。

一方、ケンブリッジ大学教授で北極海氷研究で有名なピーター・ワダムズは「A Farewell to Ice」（日本語訳『北極がなくなる日』榎本浩之監修、武藤崇恵訳、原書房、二〇一七年）を出版し、北極海氷消滅の危機を強く警告してきた。ただし夏の北極海氷の消滅時期の予測は当たらず、九月、一〇月にも海氷はいまだ残っている。

日本の科学者は一般的に慎重で控え目であり、筆者から見ると大胆に社会に警告する人物は稀であるように思える。筆者は一〇年前から地球温暖化がこのまま進行すると地獄のような惨状を呈すると考え、「温暖化地獄」という言葉を使って社会に警告してきた（温暖化地獄三連作、ダイヤモンド社）が、賛同者は期待したほど増えなかった。

逆に、いわゆる懐疑論者は多く、ＩＰＣＣ報告書を批判し、メディアも好んでそれを取り上げてきた。この日本の科学者の控え目さ・沈黙が「現状維持のアドボカシー」に陥ってしまい、市民に真実を伝え社会へ警告する科学者の社会的責任を十分果たせていないのではないかというのが筆者の心配である。この問題については朝山慎一郎、江守正多、増田耕一の三氏による「気候論争における反省的アドボカシーに向けて――錯綜する科学と政策の境界」という優れた論文があるので、そちらを参照していただきたい。

# 第3章　革命勃発——気候ストライキ始まる

青少年の気候ストライキは一人のスウェーデンの一五歳の少女から始まった。

二〇一八年八月二〇日、グレタ・トゥンベリはストックホルムの国会横に一人で座り込んだ。彼女のプラカードには「School Strike for Climate」(気候のための学校ストライキ)と書かれていた。二〇一八年の北半球の夏は多くの場所が猛暑に見舞われた。埼玉県熊谷市では４１・１℃を記録し、七月の日本の熱中症による死者は一〇〇〇人を超えた。スウェーデンも厳しい熱波や森林火災に襲われた。グレタはスウェーデンがパリ協定に従って$CO_2$排出を大幅に削減すること、科学的知見に基づいて政策決定を行うことを求めて、総選挙の日の九月九日までストライキを続けた。

八月二〇日は学校の始業日だったが、グレタは学校に行かずに国会前に一人で座り込んだ。そこは政治家や市民が頻繁に通り、〝気候のための学校ストライキ〟を宣伝するには格好の場所だったからである。スウェーデンでは学校に行くことは生徒の義務で、ストライキをすることは法を破ることであり、そうすることによってメディアの注目を集めようとする作戦だったようである。

ソーシャルメディア企業の創設者が「We Don't Have Time」というグレタの気候ストライキを最初の日に報じたことで、二四時間以内にフェイスブックに載り、二万以上のツイートを得たと報じられている。スウェーデンのメディアが取り上げるまでに長い時間はかからなかった。ストライキの最初の一週間に六つの新聞が取り上げ、スウェーデンとデンマークのテレビがグレタのイ

ストックホルムの国会横で座り込みをするグレタ・トゥンベリ
（2018年8月22日撮影，TT News Agency/アフロ）

ンタビューを行った。また、二つの政党の党首がグレタと会話したと報じられている（以上 Medium、二〇一八年八月二三日ニュースより）。

彼女の母親のマレーナ・エルンマンは有名なオペラ歌手で、父親はスバンテ・トゥンベリ、遠い祖先にはノーベル化学賞受賞者で大気中の$CO_2$濃度の増加による地球温暖化を論じた科学者スバンテ・アレニウスがいる。

グレタ・トゥンベリの単独ストライキはすでに述べたように、たちまちのうちにスウェーデン国内で報道され、数日後には同調者が現れた。筆者はここにスウェーデンの市民社会の成熟さを見て羨ましさを禁じ得ないのである。日本の国会前にプラカードを持った少女が一人で座り込んでいたとしても、変わり者か精神的トラブルを抱えた者がいると疑われて親しく話しかける人はいないのではないかと思ってしまうのである。

スウェーデンの総選挙後、グレタは毎週金曜日に気候ストライキを続行した。このため Fridays

for Future（未来のための金曜日）運動と呼ばれるようになった。グレタの勇気ある行動はSNSなどを通じて瞬く間に全世界の青少年に大きな影響を与えた。九月四日にはオランダのハーグで数名の学生が、九月二一日にはオランダのザイストで一〇歳の少女リリー・プラットが母親に見守られながら気候ストライキを行った。一一月二八日にはオーストラリアのキャンベラで一〇〇名の学生が、一一月三〇日にはオーストラリア全土三〇カ所で一万五〇〇〇人の学生が気候ストライキを実行した。規模の大きな気候ストライキとしては一二月二一日スイスの四都市で四〇〇〇名、二〇一九年一月一〇日ベルギーのブリュッセルで三〇〇〇名、さらに一月一七日には一万二五〇〇名、一月一八日にはドイツの五〇カ所で三万五〇〇〇名が気候ストライキを行い、世界の大潮流となった。

グレタは言っている、"Our house is on fire—let's act like it."（私たちの家は火事なのです——火事の時のように行動しよう）。気候ストライキをする学生たちは叫んでいる、"We are the change we have been waiting for."（私たちが長らく待ち望んできた変化なのです）。学生たちは本気でゼロカーボン革命を起こそうとしているのである。

ベルギーでの青少年の気候ストライキは環境大臣の辞任を招く事態に至った。若者の抗議行動に対して「気候ストライキは誰かに操られている、誰が操っているかは分かっている、情報機関から情報を得ている」と発言したが、ベルギーの情報機関がこれを否定したため辞任に追い込まれてしまったのである。

## グレタのダボス会議でのスピーチ

グレタは二〇一九年一月のダボス会議でスピーチを行っている。その一部を引用しよう。

「私たちの家は火事になっています。私はそのことを伝えに来ました。私たちの家が燃えているのです。私たちは今、恐ろしい危機に直面しており、莫大な数の人々が声もなく苦しんでいます。礼儀正しく伝えることや、言って良いことと悪いことを気にしている場合ではありません。はっきりと事実を話すべき時なのです。気候変動の危機を解決することは、人類が直面した問題の中で最も困難で複雑な課題です。しかし、その解決策は、非常に簡単で、子どもにも理解できるものです。温暖化ガスの排出を止めれば良いのです。やるか、やらないか、それだけです。

私たちは歴史的な転換点にいます。私たちの文明そして地球の生物圏全体を脅かす気候変動危機を少しでも理解している人は、それがどんなに気まずくそして経済的な不利益を伴うことだとしても、はっきりと明快にメッセージを伝えなければなりません。私たちは、現代社会のあらゆる側面を変えなければいけません。あなたの二酸化炭素排出量が多ければ多いほど、道徳的義務は大きいのです。属する組織が大きければ大きいほど、あなたの責任は重いのです。

大人は皆、『若い世代に希望を与えないといけない』と言います。しかし、私はあなたたちの希望など要りません。あなた方に希望を持ってほしくないのです。むしろパニックに陥ってもらいたいのです。私が毎日感じている恐怖をあなた方にも感じてほしいのです。そして、行動を起こしてほしいのです。危機の真っ只中にいるかのように行動して下さい。家が火事になった時のように行動して下さい。実際にそうなのですから」

(Tomoko Kusamoto 訳)

一六歳のグレタのダボス会議でのスピーチを読むと、一九九二年のリオデジャネイロで行われた地球サミットでのセヴァン・スズキの伝説のスピーチが思い出される。当時一二歳の少女だったセヴァン・スズキのスピーチが終わると、会場は五分間の沈黙に包まれたと言われている。

セヴァン・スズキのスピーチは聴く者の心情に訴えかけては来るが、具体的な政治的要求はなかったった。それに対してグレタ・トゥンベリは政治・経済の世界のリーダーたちに1・5℃目標の受け入れを迫っている。一九九二年では極端気象や深刻な環境劣化もまだ日常生活で感じられる段階に達していなかったことが反映されているのかもしれない。グレタ・トゥンベリの代表する若い世代、未来の世代は意を決して大人世代に対して気候危機・環境危機の根本的解決のために、社会の大転換を要求しているのである。

グレタが気候ストライキを始めたこともあり、気候ストライキには多くの女子学生がリーダーとして活躍している。

各地の女子学生の活躍についてはClementine de Pressignyが二〇一九年二月一八日に報じている(Nozomi Otaki訳)。アンナ・テイラー(一七歳、ロンドン／英国)は四人の学生とUK Students Climate Network(ＵＫＳＣＮ)を起ち上げ、二月一五日に第一回目のストライキを組織した。

ナディア・ナザール(一六歳、ボルチモア／米国)はZero Hourという団体を起ち上げる。これは気候正義を求める若者の団体である。

ヘイブン・コールマン(一二歳、デンバー／米国)は、ストライキは問題の深刻さを知ってもらう方法としていちばん効果的だったと話している。

リリー・プラット(一〇歳、ザイスト／オランダ)はプラスチックごみの問題から始めた。ごみを写真に撮ってＳＮＳにアップしている。九月にグレタの映像を見たのがきっかけで気候ストライキを始めた。

アレキサンドリア・ビラセナー(一三歳、カリフォルニア／米国)は二〇一八年一二月一四日、ニューヨーク国連本部の前で一人でストライキを始めた。マイケル・マンなどの気候科学者がＳＮＳで弁護してくれるのが嬉しかったと話している。「地球がこれからも住み続けられる星であってほしいと思っているが、これはグレタがＳＮＳで発信している#WhateverItTakes(何を犠牲にしても)と同じです。私たちは何を犠牲にしてもこの星の気候変動をくい止めないといけない。今すぐ動き出さなければいけないんです」と述べている。

ヴァネッサ・ナカト(二二歳、カンパラ/ウガンダ)は「『未来のための金曜日』は私たちの未来への希望です」と語る。

ジーン・ヒンチクリフ(一五歳、シドニー/オーストラリア)は二〇一八年一〇月にSS4C(School Strikes for Climate)を知って運動を始めた。

ホリー・ギリブランド(一三歳、フォートウィリアム/スコットランド)はExtinction Rebellion(後述)などの活動を行っている。

ストライキを行う学生たちの言い分はどんなものだろうか。小中高生が中心であるため、選挙権がない自分たちにはストライキによって意見を表明する権利があること、大人たちは温暖化ガスの削減にただちに取り組まず二〇三〇年にも予想される壊滅的気候崩壊という結果を自分たち若い世代に押し付けるのは正義(気候正義)に反すること、IPCCの1・5℃特別報告書に書かれているように二〇三〇年までに温暖化ガスの排出量を二〇一〇年比で約四五%削減し、二〇五〇年には正味でゼロにすることを目標としてほしいこと、そのためには国家として気候非常事態を宣言し、グリーン・ニューディールを実施すること、などである。

二〇一九年三月一五日にはグローバル気候ストライキが初めて行われた。「未来のための金曜日」などの集計によれば約一三〇カ国、二〇八三カ所で計一五〇万人以上が参加したとされている。オーストラリアで一五万人、ドイツ三〇万人、カナダ一五万人、イタリア二〇万人、フランス二〇万人などである。日本でも数百人の学生が参加した。

ここで学生のプラカードに書かれているスローガンの数々を紹介しよう。

Why should we study when we have no future?
No Nature, No Future
Change the system not the climate

Earth is more valuable than money
I'll do my homework when you do yours
I'd be in school if the earth was cool.
System change not climate change.
Change or die
Rebel 4 Earth
We are scared——listen to us!
Make earth great again
There's no Planet B
Fossil Fools
What we stand for is what we stand on.
Mother Nature is crying
Stop denying our planet is dying.
It's our own future
Science not silence
Unite Behind the Science
We are unstoppable, a better world is possible

読者の皆様はこのプラカードに書かれているスローガンを読まれて、どんな感想を持たれたであろうか。若者たちの地球に対する真剣な思いが伝わってこないであろうか。

### 気候ストライキに対する科学者の支持声明

二〇一九年三月一五日のグローバル気候ストライキに前後して、世界の三万人ほどの科学者たちが続々と青少年の気候ストライキへの支持声明を発表した。フィンランド、ベルギー、ドイツ語圏三カ国（ドイツ、オーストリア、スイス）、オランダ、イギリス、ニュージーランド、オーストラリア、アメリカ、カナダなどである。筆者もそうだが、多くの科学者は若い人たちがよくぞ起ち上がってくれたと涙を流さんばかりに嬉しく思ったに相違ない。同時に、科学的知見のアドボカシーが不十分で気候危機、環境危機を招いてしまったことへの己の不甲斐なさに忸怩たる気持ちを持ったであろう。

この中で、ドイツ語圏三カ国の科学者による共同声明を紹介しよう。元ヴッパタール研究所長のワイツゼッカーやポツダム気候インパクト研究所長のシェルンフーバーなど七二六名が署名した声明「デモをする若者たちの懸念は正当である」(Die Anliegen der demonstrierenden jungen Menschen sind berechtigt)に、二〇一九年三月一一日までに二万三〇〇〇名以上の科学者が署名した。

「まだ広範な参加と議論が必要であるとしても今行動を起こさなければなりません。両方とも相互に排他的ではありません。私たちの天然資源を破壊することなく生活の質を維持し、人間の幸福を向上させることができる社会的及び技術的な革新はすでに数多くあります。すべてのドイツ語圏の国々では、エネルギー、栄養、農業、資源利用およびモビリティの転換において必要な規模とスピードが達成されていません」

「迅速かつ一貫して行動することによってのみ地球温暖化を抑制し、動植物の大量絶滅を防ぎ、自然の生命の基盤を守り、そして現在および将来の世代のための住みよい未来を創造することができます。これこそまさに『Fridays for Future』の若者たちが達成したいことです。彼らは私たちの尊敬と私たちの完全な支持に値します」

ドイツのアンゲラ・メルケル首相も気候ストライキをする学生を称賛している。

各国別の支持声明以外に『サイエンス』誌の二〇一九年四月一二日には国際的な科学者団体 Scientists For Future International が公開書簡〝抗議する若者たちの懸念は正当である〟を載せた。これには筆者を含め三〇〇〇名の科学者が署名している。

「世界中の若者が、気候やその他の人間の幸福の基盤を守ることを訴えて根気強い抗議行動を始めています。最近自国で同様の支持声明を始めた科学者、学者として、我々はあらゆる学問分野の世界中の同僚に、抗議する若者たちへの支持を呼びかけます。我々は次のように宣言します。『彼らの懸念は、現時点の最善の科学によって正当化され、支持される。気候と生態系を守るための現状の対策はひどく不適切である。』

ほぼすべての国が二〇一五年のパリ協定に署名と批准を行い、国際法の下に地球温暖化を産業化前を基準に2℃より十分低く抑えることと、気温上昇を1・5℃に抑える努力を追求することを約束しました。科学コミュニティーは、地球温暖化が1・5℃ではなく2℃まで進むと気候に関連した影響とリスクが相当に増加し、そのいくつかは後戻りできないものになるであろうことを明確に結論しています。さらに、ほとんどの影響は不均一にもたらされるため、2℃の温暖化は既に存在する世界規模の不公正をより悪化させるでしょう。

（中略）

『未来のための金曜日』、『気候のための学校ストライキ』、『気候のための若者』、『若者の気候ストライキ』などとよばれる、若者の気候変動についての社会運動の壮大な規模の草の根の動員は、若者が状況を理解していることを示しています。我々は、彼らが求める急速で力強い行動を承認し、支持します。我々は紛れの無い言葉で次のように述べることを、我々の社会的、倫理的、学問的責任とみなします。『人類が速やかにかつ意を決して行動することによってのみ、地球温暖化を抑制し、現在進行している動物種と植物種の大量絶滅を止め、現在と将来の世代の食料供給と幸福の自然的な基盤を保全することができる。』これが、若者たちが達成を求めていることです。彼らは、我々の尊敬と全力の支持に値します」（江守正多訳）

各国の科学者の支持声明の主な主張は二つある。第一に、気候変動の科学的証拠は明確であること、現在の気候、生物種、森林、海洋、土壌保護のための対策は十分ではないこと、私たちが行動しなければ文明の崩壊や自然界の消滅は目前に迫っていることである。第二に、気候変動に対してただちに決定的な行動を要求し、気候ストライキを行う若者を支持していることである。そのリーダーシップ、気候正義に基づいた世界建設へのコミットメントに対して感謝するとともに、気候ストライキを行う若者たちは私たちの尊敬と完全な支持に値するということである。

青少年の気候ストライキを支持したのは科学者ばかりではなかった。パリ、ミラノ、シドニー、オースティン、フィラデルフィア、ポートランド、オスロ、バルセロナ、モントリオールの九つの都市の市長が気候ストライキへの支持を表明した。これらの九つの都市はすでにパリ協定の1・5℃目標を掲げている。アムネスティ・インターナショナルも、気候ストライキを行うのは若者の権利だとしてこれを擁護する声明を出している。ローマクラブやマックス・プランク協会なども支持声明を発表している。

さて、気候ストライキをどう着地させるかが問題である。このまま毎週金曜日に気候ストライキを繰り返しても成果は得られず、疲弊するだけではないかと心配される。さらに世間からの注目度が低下（メディアが取り上げなくなる）、ストライキを継続することで教育上の問題が大きくなる、社会からの支援の低下（資金など）、学生リーダーたちへの社会的攻撃が増加する可能性などが筆者には懸念されるのである。

Parents for Future の旗の下に一六カ国の三四グループが公開書簡を発表して気候ストライキを支持し、1・5℃目標の受け入れを要請している。国によっては学校や教育関係者が気候ストライキに配慮しているところもある。社会の側が青少年の要求に耳を傾け、政策を変更する必要があると考える。少なくとも二〇一八年のIPCC1・5℃特別報告書を受容し、それと整合性のある温暖化ガス削減目標を設定して、早急に実行計画をまとめ実施する段階に来ているのではないだろうか。

# 第4章　自治体や国家が動く――気候非常事態を宣言し動員計画を立案する

現在急拡大している世界の「気候非常事態宣言」（CED）運動のキーワードは二つある。Emergency（非常事態、緊急事態）とMobilization（動員、社会の総力を挙げての取り組み）である。

気候変動の問題の解決には社会的動員が必要だと早くから指摘していたのは、アメリカの環境問題研究者・活動家のレスター・ブラウンである。二〇〇三年に出版された著書『プランB』（北城恪太郎監訳、ワールドウォッチジャパン）の中で、第二次世界大戦時のアメリカの総動員のような取り組みに言及している。少し長いが引用しよう。

「真珠湾攻撃から約一カ月後の一九四二年一月六日に行われた一般教書演説で、ルーズベルト大統領は壮大な軍備増強計画を掲げた。六万機の航空機、四万五〇〇〇台の戦車、二万門の高射砲を製造し、商船の船舶量を六〇〇万トン増加させるという計画である。『不可能だと言うことは許されない』と大統領は釘を刺した。目標達成のためには、既存の産業を軍事目的にシフトし、民生品の製造に使われていた資材を兵器の製造に充てるしかなかった」「現在からみると、この戦時経済へのシフトは驚くべきスピードで実現している。一九四一年に約四〇〇万台の車を生産していた自動車業界は、翌四二年には二万四〇〇〇台の戦車と一万七〇〇〇台の装甲車を製造した。この年の自動車生産はわずか二二万三〇〇〇台であり、その多くは年の初め、つまり戦時経済への移行が始まる前に生産されている。自動車製造は四二年の前半から四四年の終りまで、事実上ストップしていたのだ。四〇年にアメリカで製造された航空機は約四〇〇〇機であったが、四二年には四万八〇〇〇機が供給された。商船隊の船舶数は三九年には一〇〇〇隻であったが、戦争が終わるまでに五〇〇〇隻も増加している」「『プランB』は、環境のバブル経済が限界に達する前に改革するための総力戦である。このバブルの崩壊を回避するには、かつてない緊密な国際協力と、戦時並みの短期集中型の取り組みによって、人口と気候、地下水位、土壌を安定させなければならない。規模においても、緊急性においても、第二次世界大戦下のアメリカがとった戦時体制に匹敵する総力を投入することが必要なのである」

二〇〇六年にアル・ゴアも映画『不都合な真実』やその書籍版の中で世界的な気候の非常事態に対応するためには同様な気候動員が必要と指摘していた。二〇〇八年にはオーストラリアのデービッド・スプラットとフィリップ・サットンが著書 *Climate Code Red* の中で気候動員行動について詳しく述べている。

**CEDの歴史**

オーストラリアのビクトリア州デアビン市が世界で初めて気候非常事態宣言を行ったのは二〇一六年一二月五日のことだった。市議会の決議は以下のとおりである。

1　私たちは地方議会を含むすべてのレベルの政府による緊急行動を必要とする気候の非常事態にあることを認識する。

2　最近の選挙で選出された四人の市議会議員によって提案されたように、デアビンエネルギー財団及びデアビン自然トラストに対する市議会提案をさらに発展させるためのエネルギーと環境のワーキンググループを設置する。ワーキンググループは市長と参加を希望するすべての市議会議員から構成される。ワーキンググループ

**表3**　デアビン市“気候非常事態計画”2017-2022 要約
（報告書は100頁ほどある）
Darebin Climate Emergency Plan, 2017-2022 Summary

デアビン市の排出量 2015〜16,1155kt$CO_2$e（市とコミュニティ，2020年までにカーボンニュートラル目標）

商業／工業−ガス7%，廃棄物1%，商業／工業−電気39%，輸送18%，住居−電気23%，住居−ガス12% をそれぞれ削減

1. 気候非常事態動員とリーダーシップ
2. エネルギー効率
   街灯をLEDに変える，新たな市の建物は環境・エネルギーへ配慮，既存の建物のエネルギー効率を高める
3. 再生可能エネルギーと燃料へのスイッチ
   政府に対して100%再生可能エネ電力への目標の設定を急がせる
   市の建物から天然ガス利用の廃止と電気への転換
4. ゼロエミッション輸送
5. 消費と廃棄物の最小化
6. 化石燃料からのダイベストメント
   政府に化石燃料の採掘と供給の停止を求めるなど
7. 適応とレジリエンス
8. コミュニティに従事してもらう
9. デアビンエネルギー財団，気候シンクタンクの設立など

は今後定期的に会合し、二〇一七年二月までに提案をまとめる。

デアビン市の気候非常事態計画を**表3**に示す。

二番目は二〇一七年二月七日に同じオーストラリアのヤラ、三番目がアメリカのニュージャージー州のホーボーケンである。英国ではブリストルが最初で二〇一八年一一月一三日に、カナダでは二〇一八年八月からケベック州の自治体が集団でCEDを行い、それ以外では二〇一九年一月一六日にバンクーバーが最初にCEDを行った。スイスではバーゼルが二月二〇日に、イタリアではアクリが四月二九日に、フランスではミュールーズが五月九日に、ドイツではコンスタンツが五月二日にそれぞれの国で最初にCEDを行っている。

このようにCEDはオーストラリア、アメリカ、カナダで開始され、それが二〇一九年にヨーロッパ各国に波及してきたことがよくわかる。

不思議なのは、環境先進国として知られるデン

マーク、スウェーデン、フィンランド、ノルウェーなどの諸国で二〇一九年一〇月現在、CEDを行った自治体がゼロであることである。また、これらの国では二〇一九年三月一五日のグローバル気候ストライキに参加した学生の数がドイツ、フランス、英国などに比べて少ない。その理由として、これらの国の首都ではカーボンニュートラルの目標を掲げてすでに取り組みを始めているからではないかと考えられる。実際コペンハーゲンは二〇二五年、オスロは二〇三〇年、ヘルシンキは二〇三五年、ストックホルムは二〇四〇年までにカーボンニュートラルを目指し、すでに実行計画を作成して取り組んでいる。

**カナダにおける気候非常事態宣言**

ケベック州は日本の四倍の面積に人口八四八万人が住み、フランス文化を維持していることでよく知られている。人口の大半はセントローレンス川沿いに住んでいる。最大都市はモントリオールである。ケベック州におけるCEDキャンペーンの歴史については二〇一九年二月にテイカ・ニュートンがまとめている。彼女はClimate Action Network Canadaのキャンペーン責任者である。

ケベック州のCEDの成功の裏にはいくつもの要因があるようだ。その第一はノーマン・ボードという市民運動の戦略家の存在がある。二〇一四〜二〇一七年にエナジー・イースト社のパイプラインプロジェクトに対する反対運動が組織された。パイプラインからオイルがもれるとセントローレンス川が汚染されて、一〇〇万人もの市民の飲料水に影響が及ぶという懸念からである。CMM（モントリオール・メトロポリタン・コミュニティ）に属する八〇名の市長はパイプライン建設に反対の立場をとり、市民も反対運動に参加したため、エナジー・イースト社は結局プロジェクトの撤回に追い込まれた。この成功がCEDキャンペーンの成功につながったようである。

ボードはGroup MobilisationというCEDキ

ャンペーンの組織を起ち上げた。モントリオールの北海岸沿いの自治体の首長は月に一度会合を開き、市民からの質問に直接答えていた。市民は自由に質問でき、次回の会合で該当する首長から直接回答を得ることができた。メディアも会合に出席してさまざまな問題を報道していた。二〇一八年夏には熱波が到来し、ケベック州では九三名が死亡した。ちょうど州議会選挙の直前であった。

Group Mobilisation はまさにこの時期に〝気候非常事態宣言〟のドラフトを首長会に提示した。首長たちは一様にショックを受け、前向きな反応を見せた。このようにしてCEDは州議会選挙の前に大きな運動として発展していくことができたのである。またCEDのドラフトについてはオタワ川沿いの自治体とも協議が行われていたことも幸いした。二年前の大洪水で気候変動についての生々しい記憶がまだ残っていたからである。

二〇一八年八月以降、ケベック州の三九五の自治体が集団でCEDを行っている。バンクーバー、ビクトリア、ハミルトン、オタワ、トロント、モントリオールなどの市もそれに続いた。

## アメリカにおける気候非常事態宣言

アメリカではTCM（The Climate Mobilization）が中心となって気候動員運動を展開している。TCMは二〇一四年三月に設立された。二〇一六年にはマーガレット・サラモンによる〝市民をエマージェンシーモードに導く〟やエズラ・シルクによる〝勝利プラン〟を出版している。

二〇一七年にはジョン・ミッチェルがサンフランシスコ、ボストン、アトランタ、マディソンを含む八つの都市について〝気候動員の導入計画〟を出版した。二〇一六年四月にバーニー・サンダースがヒラリー・クリントンとの討論の際、第二次世界大戦の時のような動員を呼びかけ、七月二二日には気候動員が民主党の政策の一部として正式に採用された。二〇一八年六月、TCMはアレクサンドリア・オカシオ゠コルテスの初当選を支援した。最年少の民主党女性下院議員のオカシオ＝コルテスはTCMを支持している。

二〇一七年一一月一日、ニュージャージー州のホーボーケンは全会一致でCEDを議決し、一〇年ほどでゼロエミッションを達成することを目標とした。これはTCMの同市支部の働きかけがあったからである。ホーボーケンはアメリカでCEDをした最初の都市（世界では三番目）となった。TCMはCity by Cityの戦略を取り、バークレー、オークランド、リッチモンド、サンタクルズ、ロサンゼルスなどで相次いでCEDをさせることに成功した。

現在、オカシオ＝コルテス議員はグリーン・ニューディール政策に向け強力に行動している。二〇一九年七月にはバーニー・サンダースとオカシオ＝コルテス、アール・ブルーメナウアーがCED決議をアメリカ上下両院に共同提案している。

二〇一九年八月二二日、民主党の次期大統領選の候補バーニー・サンダースは一六・三兆ドル（一ドル一〇〇円として一六三〇兆円）もの巨額のグリーン・ニューディール計画を発表した。

このグリーン・ニューディール計画は気候動員計画である。この計画のために一六・三兆ドルを一五年間で支出する。アメリカを二〇五〇年までにゼロカーボン経済にする。二〇三〇年までに輸送と電力部門を一〇〇％自然エネルギーにする。そのために$CO_2$排出量を七一％削減する。太陽光、風力、地熱に投資する。二〇〇〇億ドルでパリ協定に従って途上国支援をする。送電網をスマートグリッドにするために五二六〇億ドルを投資する。雇用を二〇〇〇万人増やし、化石燃料関係企業の従事者を優先して教育、再就職させる（Just Transition）。そしてこれらの目標を、原子力、気候工学、CCS（$CO_2$の回収・貯留）、ごみ焼却炉には頼らずに達成するとしている。詳細はサンダースのホームページに掲載されている。

問題は一六・三兆ドルもの資金をどのように調達するかである。発表によると、六・四兆ドルはクリーンエネルギーの売却から、一・二兆ドルは石油などの輸送ライン防衛に必要な軍事費の削減から、二・三兆ドルは新たな雇用者からの所得税、三兆ドルは化石燃料企業への課税などからとしている。民主党の他の大統領候補者もグリーン・ニューディールを提案しているが、バーニー・サンダースの提案が最大規模である。

　一方、二〇一九年六月、ニューヨーク州議会で二〇五〇年までに温暖化ガス排出をネットゼロにする法案が通過した。法案では、二〇五〇年までに温暖化ガス排出量を一九九〇年比八五%削減する目標を設定している。残りの一五%については、植林や湿地の回復など、炭素吸収策によって相殺するほか、二〇四〇年までに再生可能エネルギーで州のすべての発電量をまかなうことなどが定められている。

　ニューヨーク市のビル・デブラシオ市長は総額一四〇億ドル（一兆五六〇〇億円）の予算を投じるニューヨーク市版グリーン・ニューディールの詳細を発表した。計画は、市議会で可決された五つの法案から成る「気候モビライゼーション法」（Climate Mobilization Act）で、市内の建物に温暖化ガスの排出上限規制を設け、二〇三〇年までに四〇%の総排出量削減を目指すとしている。二〇五〇年までにカーボンニュートラルとし、一〇〇%クリーンな電気へと移行する。

　ビルからの温暖化ガス排出量を二〇〇五年比で二〇三〇年までに四〇%、二〇五〇年までに八〇%削減。同市の温暖化ガスの七〇%は一〇〇万棟以上あるビルのエネルギー使用による。

◎二万五〇〇〇平方フィート（二三〇〇 $m^2$）以上の面積の大きなビルに対して排出枠を設定、炭素取引市場も導入。

◎エネルギー効率の高いヒーティング、エアコン、断熱性能の高い窓、再エネ導入に対してファイナンスする。NYC Local Law 96（2019）により一〇〇%までの長期のファイナンスを行う。

◎この法律によって三六〇〇人／年（建設）、四四〇〇人／年（メンテナンス、サービス、オペレーション）の雇用創出。新法に対する適応コストは四〇億ドルほどと見積もられている。

なお、エンパイア・ステート・ビルディング（一九三一年完成）はすでに二〇〇九年にリノベーションを開始、五・二億ドルの予算を投入し、エネルギー消費を三八％削減（六五〇〇枚の窓ガラス、三〇〇万個の電球、六七台のエレベーターを交換）すると説明されている。

一方、ロサンゼルス市は世界で初めて気候非常事態動員局を設置した。この部局は気候変動の地域的インパクトに対処するのが目的である。市長のエリック・ガルセッティは、二〇二〇年四月までに市のためのグリーン・ニューディールを策定し二〇五〇年までにカーボンニュートラルを達成するとしている。気候非常事態動員局は五人のメンバーからなる。気候非常事態に対処するために、

1　オフィスを設置。
2　ロサンゼルス市の動員計画をデザインし実施するディレクターを指名。
3　気候非常事態委員会を設置。
4　コミュニティ集会を開催して伝統的に十分反映されてこなかった人々の声を意思決定に取り入れる。

これは予算を付けた大規模な気候非常事態対処プログラムであり、他の都市の模範となるものである。ロサンゼルス市はゼロエミッションでレジリエントな都市を目指している。その際、気候正義と公正な移行を優先する。化石燃料関連会社の従業員は優先的に再訓練、教育、援助、再就職することができる。二〇二八年ロサンゼルス・オリンピックまでにゼロエミッションを達成することを目標としている。

## オーストラリアにおける気候非常事態宣言

メルボルン郊外のデアビン市が二〇一六年一二月に世界で初めてＣＥＤを議決したのには、ＣＡＣＥ(Council and Community Action in the Climate Emergency)の働きかけがあった。ＣＡＣＥはアドリアン・ホワイトヘッドとブリオニ・エドワーズによって設立された。これ以外にもオーストラリアの気候非常事態宣言と動員運動には多くのキーパーソンが関与している。

ＣＥＤキャンペーンの目標は政府、自治体が気候非常事態を宣言し、社会全体の資源を十分なスケールと速度で動員し、文明、経済、人々、生物種とエコシステムを守ることである。実は二〇一六年八月二五日には、オーストラリアの一五四名の科学者が首相に対してＣＥＤを行うよう要請する公開書簡を発表していた。

気候非常事態(Climate Emergency)という用語は二〇〇七年にデービッド・スプラットとフィリップ・サットンによって使用され、一般化された。オーストラリアの職業的な気候変動に関する啓蒙団体は一貫して“Climate Emergency”という用語の使用を、科学的用語として相応しくないという理由で拒否して来たが、草の根の活動家のネットワークによって次第に広められていった。

二〇一五年からはメルボルンのシンクタンクThe BreakthroughがClimate Emergencyを認識するためのプログラムを出版しはじめた。オーストラリアでは、草の根の活動家が署名入りの気候非常事態宣言をあらゆるレベルの政府の政治家へ提出するという運動が展開されていった。デアビン市の市議会選挙の際も、候補者全員にＣＥＤ支持への署名を求めたそうである。当選した九人の議員のうち七人はＣＥＤ支持を誓約していたため、この七人に対してＣＥＤの動議を最優先するよう働きかけを行った。こうして二〇一六年一二月五日の最初の議会の日に宣言が全会一致で議決されることになったわけである。シドニー、メルボルン、ダーウィン、アデレードなど、日本人にもよく知られた都市が続いてＣＥＤを行った。

**英国における気候非常事態宣言**

英国で最初にＣＥＤを行ったのはブリストルである。ブリストルは二〇一五年のヨーロッパの環境首都に選ばれるほど環境意識が高かったが、次に紹介するＮＧＯ、Extinction Rebellion（ＸＲ）に大きく影響されたと言われている。

ＸＲは非暴力的な手段により気候崩壊、生物多様性減少、社会的およびエコロジカルな崩壊に対する抵抗運動、市民の不服従運動を行うＮＧＯで、二〇一八年五月に英国で設立された。ＸＲは「絶滅への反逆」あるいは「絶滅への反乱」と訳されている。二〇一八年一一月にはロンドンのテムズ川にかかる五つの橋を占拠して交通を妨害した。二〇一九年四月にはロンドン中心部の五カ所、ピカデリーサーカス、オックスフォードサーカス、マーブルアーチ、ウォータールー橋、議会周辺を占拠した。ＸＲの大部分の活動家は進んで逮捕されることを誓約しているそうである。四月の一一日間にわたるデモンストレーションの結果、一一三〇人の逮捕者が出たと報じられている。同様の活動はベルリン、ハイデルベルク、ブリュッセル、マドリード、メルボルン、ニューヨークでも行われた。ＸＲの基本的な要求は、

① 政府は気候とエコロジカルな非常事態を宣言して市民に真実を告げなければならず、他の機関と連携して急速な社会変革のために働きかけなければならない。

② 政府は生物多様性の損失を停止させるために活動し、温暖化ガスの排出量を二〇二五年までに正味でゼロにしなければならない。

③ 政府は気候とエコロジカルな正義について市民集会を開催し、その決定に導かれなければならない。

ＸＲを支持する著名人にはグレタ・トゥンベリ

のほか、前カンタベリー大主教ローワン・ウィリアムズ、ダイベストメント（化石燃料関連の企業からの投資の引き上げ）運動のリーダー、ビル・マッキベンなどがいる。

筆者が特に注目するのはウィリアムズ前カンタベリー大主教（六九歳）である。四月のロンドン中心部でのデモに参加し、最終日にはセントポール寺院の前でミサをあげていた。ここにヨーロッパの知識人の伝統を見る思いがするのである。英国ではロンドン、コーンウォール、オックスフォード、シェフィールド、エディンバラ、ケンブリッジ、デヴォンなどが相次いでCEDを行った。

**国家の気候非常事態宣言**

国家としてのCEDについてもまとめておこう。二〇一九年五月一日、ジェレミー・コービン率いる英国労働党は下院に動議を提出、〝環境と気候の非常事態宣言〟を超党派で可決成立させた。動議の内容は次のようである。

「1・5℃以上の地球温暖化を回避するため世界の$CO_2$排出量を二〇一〇年の水準と比較して二〇三〇年までに四五％削減し、二〇五〇年頃までに正味でゼロにすることが必要である。

不安定で極端な気象が英国の食料生産、水供給、国民の健康および洪水や森林火災を通じて破壊的な影響を及ぼすことを認識する。英国は現在、生物多様性のターゲットをほとんどすべて達成できておらず、生物種の減少が恐るべき速さで進んでいること、関連予算の五〇％カットはこれらの問題の取り組みに反生産的であることを認識する。

政府に対して以下のことを要求する。

二〇五〇年より前に正味ゼロ排出を達成するために英国の気候ターゲットを増やすこと、六カ月以内に英国の自然環境を回復し循環・ゼロ廃棄物経済のための緊急提案をまとめること」

二〇一九年五月九日、アイルランド議会は、

「気候と生物多様性の非常事態」を宣言した。政府が生物多様性の損失の問題の解決をどれほど改善できるかを検証する修正動議を受け入れて、気候非常事態宣言は全会一致で成立した。

ポルトガルも国として気候非常事態宣言を議決した。しかしポルトガルを二〇三〇年までにカーボンニュートラルにするために政府はあらゆることを行うとする動議は否決され、二〇二三年までに石炭火力発電所を閉鎖する動議も否決された。CEDを議決したものの、動員計画はコンセンサスを得られなかった。

二〇一九年六月一七日、カナダは気候非常事態宣言を一八六対六三で議決した。動議は環境・気候変動担当相キャサリン・マッケナによって提出された。彼女は気候変動は人間活動によって引き起こされた真実の緊急の危機であると述べている。

二〇一九年六月一九日、フランス国民議会は「環境と気候の非常事態宣言」を議決した。

二〇一九年七月一八日、アルゼンチンは上院で気候非常事態宣言を全会一致で可決した。法案の内容は、人類およびエコシステムの発展を保障するために必要な戦略、方法、政策と気候変動の影響、脆弱性、適応活動の研究に関連した手段を確立すること。環境保全のための一連のミニマム予算を確保、計画は五年ごとに見直すこと――計画には健康、水管理、輸送、エネルギー、漁業、農業、インフラに対する手段も含まれている。法案の執筆者はフェルナンド・ソラナス上院議員で、CEDの可決はラテンアメリカでは最初である。

二〇一九年九月にはスペインとオーストリア、一〇月にはマルタもCEDを行っている。一一月にはバングラデシュが〝地球的非常事態宣言〟を国会で全会一致で可決した。

一一月二八日にはついに欧州議会がCEDを行い、二〇三〇年までに温暖化ガス排出量を五五％削減し、二〇五〇年までにカーボンニュートラルを目標とすることを決定した。

イタリアもヴェネツィアの高潮・洪水を受けて

一二月一二日にＣＥＤを行った。

## 気候非常事態宣言の拡大

ここで、その他のＣＥＤの動向を述べておこう。ドイツでもＣＥＤをする都市が二〇一九年五月以降急増している。ドイツの自治体のＣＥＤは誰が動議を提出したかを調べると、市民による発議や「未来のための金曜日」が多いことが興味深い。既成政党に頼らずに市民や若者たちがＣＥＤの動議を提出しているのである。ケルン、ハイデルベルク、フライブルク、ボンの四都市の市長は連名でメルケル首相に書簡を送り、連邦政府がより野心的な気候政策をとることを求めた。

七月三〇日には、第五回太平洋島嶼国開発フォーラムがフィジーで開催された。海面水位上昇で二〇三〇年にも居住不能になる島もあるということで、太平洋における気候変動危機についてのナジ湾宣言（Nadi Bay Declaration）が採択された。新たな石炭鉱山開発や化石燃料への補助金の中止などを求めている。署名したのはフィジー、ソロモン諸島、キリバス、ナウル、ミクロネシア、マーシャル諸島、バヌアツ、トンガなどである。

ニュージーランドでは五〇名以上の科学者が政府にＣＥＤを要求する公開書簡を発表している。ニュージーランドの気候行動グループ Claxon はウェブサイトを起ち上げ、この公開書簡への署名を集めている。「二〇年前から気候変動の脅威は深刻で行動の必要性はすでに明らかだった。今日、私たちの持っているすべての証拠は緊急行動の必要性を示している。それは非常事態と呼んでもよい」と書かれている。ＣＥＤが問題を解決するわけではない、私たちは本当の Zero Carbon Act を必要としている、しかしＣＥＤのようなシンボリックなことが本当に必要とされているのだと強調している。署名者はすでに一万名を超えている。

このような働きかけもあり、二〇一九年一一月七日にはニュージーランド国会でゼロ・カーボン法が可決され、二〇五〇年までにカーボンニュートラルを目指すことになった。

デンマークでは新首相メッテ・フレデリクセン(四二歳、社会民主党)が中道左派連立内閣を率い、二〇三〇年の温暖化ガス排出の削減目標、一九九〇年水準から七〇%削減(現在は四〇%)を目指している。連立内閣のグリーン・トランジションに対するマニフェストは最優先課題である。六月五日の総選挙で左派が勝利、ここでデンマークの気候およびエネルギー政策についてこれまでで最も詳細な議論が闘わされたと報じられている。主な政策としては、次の通りである。

◎エネルギー効率の向上。
◎広い電化政策(二〇三〇年より新たなディーゼル、ガソリン車の販売禁止)。
◎北海沿岸諸国と共同でオフショア風力発電の開発を進める。
◎気候外交、ＥＵ内でのより野心的な気候目標の追求(二〇三〇年の削減目標)、二〇五〇年にカーボンニュートラル目標。

選挙前に六万人の国民が新たな気候法を要求し、この提案が法制化されたわけである。

インドでは約五〇万人の子どもたちが政府にＣＥＤを求めている。「未来のための金曜日」の気候ストライキをする学生はタイ、シンガポール、マレーシア、パキスタン、韓国、日本でも政府にＣＥＤを要求している。

ＣＥＤは他の機関、団体にも及びつつある。二〇一九年四月一七日に英国のブリストル大学が大学として初めてＣＥＤを行い、二〇三〇年までにカーボンニュートラルを目標とし、一年以内に完全ダイベストメントするとしている。次にニューカッスル大学、グラスゴー大学、キール大学、リンカーン大学、バルセロナ大学、エクセター大学、南コネティカット州立大学、イーストアングリア大学、デ・モントフォート大学、ファルマス大学が続いてＣＥＤを行った。カリフォルニア大学は一〇の分校すべてがＣＥＤを行い、二〇五〇年までにカーボンニュートラルを目指すとしている。

七月一〇日には七〇〇〇大学のネットワークであるＥＡＵＣ（教育におけるサステナビリティリーダーシップのための同盟）などが公開書簡を発表しＣＥＤを行っている。「私たちが教えることが未来をつくる」という認識の下にカリキュラム、キャンパス、アウトリーチ全般にわたって環境およびサステナビリティ教育を強化するとしている。すでに一九〇を超える大学が署名し、二〇一九年内に一万の大学が署名することを目指すとしている。

王立英国建築家協会（ＲＩＢＡ）やアメリカ建築家協会（ＡＩＡ）も、環境と気候の非常事態宣言を六月に行った。ＲＩＢＡのベン・ダービシャイア会長は「気候非常事態は地球と私たちの職業が直面する最大の挑戦である。シンボリックな声明を出す以上の、よりインパクトのある行動をとらなければならない」と述べている。ＡＩＡでは、緊急かつ継続的な気候行動に関する決議が賛成四八六〇、反対三一二、棄権二八という歴史的大差で可決されたと報じられている。その具体的な内容は以下の通りである。

1　緊急かつ気候安定に必須の$CO_2$排出削減を宣言する。

2　毎日の建築家の作業をゼロカーボン、平等、レジリエント、健康な建築物を実現するためのものへと転換する。

3　私たちの監修者、顧客、政治家そして一般国民の支援を最大限活用する。

建築家協会のＣＥＤはイタリア、ノルウェー、カナダ、オーストラリア、ニュージーランドにも及んでいる。英国では四月に芸術と文化関連の一九三団体がＣＥＤを行っている。

さて、二〇一九年八月、アメリカのフィランソロピストのグループが気候非常事態ファンド（Climate Emergency Fund＝ＣＥＦ）を設立した。漸進主義の考え方を改めさせ急進主義にさせることを目標にしている。トレバー・ネルソン、ロリー・ケネディ(ロバート・ケネディの娘)、アイリーン・ゲッティなどがすでに六〇万ドルのファンドを集め、今後数カ月以内に少なくとも一〇〇回はファンドを集めるとしている。CEFはすでに「絶滅への反乱」や「気候のためのスクール・ストライキ」運動へも資金提供を約束している。アドバイザーには350.orgのビル・マッキベンもいる。

CEFはロバート・ケネディ・センターと連携して気候正義のための戦いにおいて活動家を法的に保護するとしている。アイリーン・ゲッティはゲッティ・オイル dynasty の相続人で、CEF創設者の一人である。彼女は長い間、変化のスピードが遅いことに不満を持っていたと述べている。

CEFは非暴力、合法的な活動のみに援助するとし、「世界中の政府の不適切でモラルに反した漸進的アプローチを打ち破る意志と能力を証明し、気候非常事態に立ち向かいつつある個人および組織を援助する」としている。助成は次の三つのレベルに対して行われる。

レベル1　活動家のスタートアップ・パッケージに対する支援
レベル2　組織的活動に対する支援
レベル3　オペレーションに対する支援

CEDは民間企業にまで及んでいる。ここではアウトドア・メーカー、パタゴニアの例を紹介しよう。パタゴニアは気候危機を認識して新たなミッション「私たちは、故郷である地球を救うためにビジネスを営む」を発表している。

「パタゴニアの目標は、二〇二五年までにサプライチェーンを含む事業全体にわたってカーボン・ニュートラルになることです。

『サプライチェーン』は、テキスタイルその他の製造業者に使用する用語で、糸を作るための作物栽培や生地を衣服にする縫製から、倉庫や店舗、あるいはお客様の玄関先への完成品輸送に至るまで、すべてのプロセスを表しています。パタゴニアのサプライチェーンは、私たちが排出する二酸化炭素の九七％を占めています。『実質ゼロ』あるいは『カーボン・ニュートラル』とは、テキスタイルや衣類の完成品を作る工場や天然繊維を育てる農場から排出される分を含め、私たちが排出するすべての二酸化炭素を削減、回収、あるいはその他の方法で軽減している状態を意味します。

また、そこで終わるつもりはありません。私たちの目標は、会社を成長させながらもカーボン・ポジティブになること、つまり排出量以上の二酸化炭素を大気中から取り除くことです」

## 遅れている日本の対応

日本政府は二〇一九年六月、パリ協定長期戦略を閣議決定した。それによると、最終到達点としての「脱炭素社会」を掲げ、今世紀後半のできるだけ早期に実現することを目指し、また二〇五〇年までに温暖化ガスの排出量の八〇％削減に取り組むとしている。地域・くらしについては二〇五〇年までにカーボンニュートラルでレジリエントで快適な地域とくらしを実現し、地域循環共生圏を創造する。可能な地域・企業などから二〇五〇年を待たずにカーボンニュートラルを実現することが目指されている。

一方、政府の「環境未来都市」構想では二一世紀の人類共通の課題である環境や超高齢化対応などに関して、技術・社会経済システム・サービス・ビジネスモデル・まちづくりにおいて世界に類のない成功事例を創出することを目的としている。環境未来都市構想や地域循環共生圏の構想はバランスの取れた特色ある持続可能な発展を目指しているところが大変素晴らしい構想である。

しかし、現在人類の直面する気候危機や環境危機を突破するための戦略、実行計画としてみた場合、物足りない面がある。それはいずれの構想にも非常事態、緊急事態(Emergency)と動員、社会の総力を挙げる(Mobilization)の二つの要素が不足しているからである。

実際、世界でCEDを行った自治体は早ければ二〇三〇年、遅くとも二〇五〇年までにカーボンニュートラルを目指している。二〇三〇年までにカーボンニュートラルを目指している自治体も五〇以上ある。しかしながら、日本国内で二〇三〇年にカーボンニュートラルを目標に掲げている自治体はゼロであり、二〇五〇年までに掲げている自治体も京都市、東京都、横浜市の三自治体にとどまっている(二〇一九年一二月時点で二七自治体に広がっている)。

東京都は二〇一九年五月二一日に都内で排出されるC O$_2$量を二〇五〇年に実質ゼロとする目標を掲げた。ゼロエミッション東京戦略は二〇一九年末までに作成するとしている。

主な削減策としては、都内の公共施設や民間施設でＥＶ向けの充電器を大幅に拡充する方針だ。通常の充電器を現在の約二五〇〇基から二五年には二倍の五〇〇〇基に、急速充電器を現状の約三〇〇基から三〇年に一〇〇〇基に増やす。温暖化ガスの要因の一つである廃プラスチックは、三〇年までに焼却量の四割削減を目指す。都によると、都内の一六年度の温暖化ガス排出量は約六六〇〇万トン。排出量は都外の火力発電所で発電された電気の使用分も勘案し算定される。大半はオフィスや家庭から出るC O$_2$で、製造業の工場を抱える他県に比べ産業部門の比率が低い(『日本経済新聞』二〇一九年五月二一日夕刊)。

ここでは気候動員計画例として、CEDを行ったロンドンを**表4**(七四頁)に示した。**表5**(七五頁)には、CEDを行ってはいないが二〇二五年までにカーボンニュートラルを目標としているコペンハーゲンの実行計画を示した。コペンハーゲンの実行計画は緻密であり目標達成の可能性は高いと考えられる。同市は人口六〇万人程度の都市である。一方、ロンドンの計画はよく考えられてはいるが、人口も多く、中央政府の本格的な支援がなければ目標達成は困難であろう。

さて、さすがにこの世界の大潮流を感じ取ったのか、五月一一日に京都市が、五月二一日に東京都が、六月一七日に横浜市が二〇五〇年までに正味でゼロカーボンの、パリ協定の１・５℃努力目標と整合的な削減目標を公表した。しかし、京都市、東京都、横浜市はＣＥＤを議決してはおらず、市民からの盛り上がりに欠け、首長の野心的な目標設定に止まっている。

ＣＥＤを行う世界の自治体、大学、その他の団体は日に日に増加しつつある。国連事務総長アントニオ・グテレスは、人類と地球上の生物は「直接的な存在的脅威」(direct existential threat)に直面していると述べ、ローマ教皇も気候非常事態に直面してただちに行動を起こさなければならないと発言している。フランシスコ教皇は就任以来、環境危機、気候危機の解決のためにリーダーシップを発揮している。ハンセン、シェルンフーバーなど世界の気候科学のリーダーをバチカンに招待して自ら最新の科学的知見を学び、それを基に回勅「ラウダート・シ」を公表した。この回勅を読むと、地球市民にはエコロジカルな回心が必要であることがよく理解される。フランシスコ教皇は気候ストライキをする若者たちを激励しており、ローマでグレタ・トゥンベリとも会見している。

筆者らは二〇一九年三月一日に日本の一七〇〇を超える自治体の首長に対して〝気候の非常事態を宣言し動員計画の立案実施〟を求める請願書を三一六名の署名を付けて公表した。首長に対して以下の三点を要望したのである。

1　気候危機が迫っていることを全力を挙げて市民に知らせる。

2　二〇五〇年までのなるべく早い時期までに温暖化ガスのゼロエミッションを達成することを目標とする。

3　気候非常事態宣言を公表し、包括的な気候変

**表 4**　ゼロカーボンロンドン，1.5℃目標と整合性のある計画／ロンドン市長

Zero carbon London, A 1.5℃ compatible plan/Mayor of LONDON　2018 年 12 月

2050 年までにゼロカーボン都市を目指す／London の排出量は 2000 年で約 50 $MtCO_2e$/yr，2015 年に約 35 $MtCO_2e$/yr まで減少

| | |
|---|---|
| 2016 | ゼロカーボン新築住宅 |
| 2017 | ロンドン中心部，輸送による排出へ課税(T-チャージ) |
| 2018 | すべてのレンタル物に対する最小エネルギーパフォーマンス基準を設定 |
| 2019 | すべての新築住宅はゼロカーボン，ロンドン中心部に極低排出ゾーン(ULEZ)を設ける |
| 2020 | すべての家庭と SME にスマートメーター設置 |
| 2018-22 | 40% $CO_2$ 排出量削減 |
| 2021 | ULEZ をインナーロンドンに拡大，軽量自動車に対して |
| 2026 | ローカルなゼロエミッションゾーン，GLA(グレーター・ロンドン・オーソリティ)の車両ゼロエミッションが可能に |
| 2023-27 | 50% $CO_2$ 排出量削減 |
| 2026 | 埋め立て廃棄物をゼロに |
| 2030 | 需要の 15% を再エネとディストリクトエネルギーで賄う |
| 2028-32 | 60% $CO_2$ 排出量削減 |
| 2030 | UK 政府は熱の脱炭素化の長期目標設定 |
| 2030～ | すべての GLA グループ重量車は化石燃料ゼロに |
| 2030 までに | 1GW ソーラー PV 導入 |
| 2037 | すべてのバス車両をゼロエミッションに |
| 2050 | 2GW ソーラー PV 導入，残る住居からの排出のオフセット |

**表 5**　コペンハーゲン(CPH)は 2025 年までにグリーン，スマート，カーボンニュートラル都市を目指す

CPH 2025 Climate Plan/A Green, Smart and Carbon Neutral City

| ロードマップ | 2025 目標 | 2025 までの主要なイニシアチブ |
|---|---|---|
| エネルギー消費 | • 2010 比で熱消費の 20% 削減<br>• 2010 比で商業及びサービス業で電力消費の 20% 削減<br>• 2010 比で家庭の電力消費を 10% 削減<br>• 全消費の 1% ソーラーセルの導入 | ▶建設業に対してフレームワーク改善<br>▶エネルギー効率の高いビルディング<br>▶ソーラーセルの普及<br>▶イノベーションとプロファイリング<br>▶スマートシティ |
| エネルギー生産 | • CPH のディストリクトヒーティングはカーボンニュートラル<br>• 風力とバイオマス発電で CPH の総需要を上回る<br>• プラスチック分別－国内と商業<br>• 有機廃棄物のガス化 | ▶陸上風力タービン－CPH 市内<br>▶風力タービン－他の自治体<br>▶オフショア風力タービン<br>▶国の風力タービンプロジェクトと共同<br>▶コンバインド熱電プラントにおけるバイオマス<br>▶新たな熱供給単位<br>▶カーボンニュートラル燃料<br>▶新たな廃棄物処理センター |
| グリーン移動 | • 75% の移動を徒歩，自転車，公共交通機関で<br>• 50% の通勤，通学を自転車で<br>• 2009 比で公共交通利用者を 20% 増やす<br>• 公共交通をカーボンニュートラルに<br>• 軽量車の 20～30% を新燃料に<br>• 重量車の 30～40% を新燃料に | ▶サイクリスト都市<br>▶新燃料(電気，水素，バイオ燃料)<br>▶公共交通<br>▶インテリジェント交通システム<br>▶移動プランニング |
| 市役所のイニシアチブ | • 2010 比でエネルギー消費を 40% 削減<br>• 市の自動車をすべて新燃料に転換<br>• 2010 比で街灯のエネルギー消費を半減<br>• 60,000SQM ソーラーセルの導入 | ▶システマチックな消費マッピングとエネルギーマネージメント<br>▶エネルギー効率の高いビルディング<br>▶行動の変容と訓練 |

動の緩和策、適応策、そしてエシカル消費、持続可能消費の推進策などを立案し、実施する。

この請願書は半年後に実を結ぶことになったが、その前の七月一七日にフィリピンのネグロス島の州都バコロド市がアジアで最初のCEDを行った。

## 気候非常事態宣言の最新動向

ここでは二〇一九年九月以降のCED等の動向について紹介したい。

九月一九日に日本学術会議の山極壽一会長より、国民に対する「地球温暖化」への取り組みに関する緊急メッセージが発表された。その中で「私たちが享受してきた近代文明は、今、大きな分かれ道に立っています」と述べている(緊急メッセージの内容については巻末資料1を参照)。

これは日本学術会議による実質上の気候非常事態宣言であろう。学術会議の中のさまざまな関連委員会とフューチャー・アースの日本委員会が熟議して出した国民へのメッセージであるので、日本の社会もこれを重く受け止めなければならない。

オレゴン州立大学のウィリアム・リップルらは「世界の科学者の気候非常事態についての警告」と題する論文を『バイオサイエンス』誌一一月号に公表している。この論文には世界の一万人以上の科学者が署名している。

二〇一九年九月二〇日のグローバル気候マーチを前にして、九月六日に環境省記者クラブで学生たちが記者会見を開き、京都市、大阪市、名古屋市、東京都に気候非常事態宣言の請願書を提出することなどを表明した。「未来のための金曜日・大阪」から大阪市への提言の内容を紹介しよう。

1　遅くとも二〇五〇年までの脱炭素化に向けた目標と排出削減経路を設定すること。
2　若者との政策的対話の場を設定すること。気候非常事態宣言を発表すること。
3　石炭火力に融資している銀行からの投資引き

上げ（ダイベスト）をすること。

4　「二〇五〇年までに自然エネルギー一〇〇％を達成する」と宣言すること。

「未来のための金曜日」の若者を支持する日本の科学者としての声明も発表された。気候ネットワーク日本も共同声明を発表して、日本政府はパリ協定の１・５℃目標に沿って二〇三〇年目標を引き上げるべきとしている。

**二〇一九年九月という画期**

九月二〇日にはグローバル気候ストライキが行われた。日本の気候マーチでは、全体で正確な参加者は不明であるが、ＮＧＯの 350org. によれば約五〇〇〇人と伝えられている。東京で二八〇〇人、京都、大阪での参加者はともに三〇〇人程であった。参加者の中心は大学生、高校生だが大人も多数参加していた。世界全体では主催者発表で約四〇〇万人の参加者があったと報じられている。これは歴史に残るストライキであろう。

九月二七日にも世界で二〇〇万人もの若者が気候ストライキに参加したと報じられている。イタリアの文部相ロレンツォ・フィオラモンティ（五つ星運動）は子どもたちに学校を休んでストライキに参加するよう促した。その結果イタリアでは一〇〇万人もの参加者があった。ニュージーランドではデモ参加者の規模は一七万人に達し、これは同国の人口の三・五％にあたるそうである。

九月二〇日～二七日の Week For Future では主催者側発表で世界一六三カ国の三一二一都市で七三〇五のイベントが開催され、七六〇万人が参加したと報告されている。

九月二一日～二三日、ニューヨークでグテレス国連事務総長の呼びかけにより「国連気候行動サミット」が開催された。二〇二〇年からのパリ協定の本格的運用を前に、各国の排出量削減目標を高めるなど気候危機問題の解決へ勢いをつけることがサミットの主な目的であった。九月二一日には青年気候サミット、二二日には九つの気候関連の連盟の発表、二三日の本会議では最善の国家行動計画や気候連盟イニシアチブが発表された。

このサミットでは特に“Unite Behind the Science”（科学の下に団結せよ）が強調されている。グテレス事務総長は各国に対して、美しいスピーチではなく具体的な削減計画を持ち寄るよう要請した。IPCC1・5℃特別報告書などをもとにして、二〇五〇年までに実質ゼロ、新たな石炭火力発電所や石炭鉱山を作らない、化石燃料補助金をゼロにする、汚染者負担の政策を求めている。

二三日の本会議でのプレゼンテーションを求めて一〇〇カ国以上が申請したが五〇％以上が却下されたと報じられている。中国、インド、フランス、ドイツ、英国は発言を許可されたが、日本やオーストラリアには許可されなかった。

## グレタの“How dare you”スピーチ

国連気候行動サミットの本会議は九月二三日に開催された。その結果、七七カ国が二〇五〇年までの温暖化ガスの排出を正味ゼロにすることを表明した。この中には日本、アメリカ、中国などは含まれていない。

各国の気候行動は依然としてバラバラで、世界全体での排出ゼロは見通せない状況にある。それでもヨーロッパ勢は若者の声に呼応して取り組みを進めた。ドイツは二〇三八年に石炭利用をゼロに、フランスは気候変動に対応した貿易の枠組み作りを表明し、英国は緑の気候基金への出資を倍増することを約束した。サミットに合わせて国連責任銀行原則に一三一銀行が署名したほか、アリアンツやスイス再保険などの機関投資家は、投資先企業にビジネスモデルの脱炭素化を求めるエンゲージメントを直ちに開始すると発表した。

気候ストライキをする若者を代表してグレタ・トゥンベリも五分間ほどのスピーチをした。以下にスピーチの一部（NHK訳）を掲載する。これは単なるスピーチではなく、怒りであり、叱責であり、彼女の全身全霊を挙げた一世一代のスピーチだったと思われる。世界の指導者はこのスピーチをどう受け止めたのか。

スピーチの中で彼女は“How dare you”（よくもそんなことが言えますね、あるいはできますね）を四回繰り返した。会場に突然現れたトランプ大統領に遭遇したグレタがテレビで映し出された。グレタは悪魔に出会ったかのように厳しい表情で睨みつけていたのが印象的だった。

「私が伝えたいことは、私たちはあなた方を見ているということです。そもそも、すべてが間違っているのです。私はここにいるべきではありません。私は海の反対側で、学校に通っているべきなのです。

あなた方は、私たち若者に希望を見いだそうと集まっています。よく、そんなことが言えますね。あなた方は、その空虚なことばで私の子ども時代の夢を奪いました。

それでも、私は、とても幸運な一人です。人々は苦しんでいます。人々は死んでいます。生態系は崩壊しつつあります。私たちは、大量絶滅の始まりにいるのです。

なのに、あなた方が話すことは、お金のことや、永遠に続く経済成長というおとぎ話ばかり。よく、そんなことが言えますね。

三〇年以上にわたり、科学が示す事実は極めて明確でした。なのに、あなた方は、事実から目を背け続け、必要な政策や解決策が見えてすらいないのに、この場所に来て『十分にやってきた』と言えるのでしょうか。

あなた方は、私たちの声を聞いている、緊急性は理解している、と言います。しかし、どんなに悲しく、怒りを感じるとしても、私はそれを信じたくありません。もし、この状況を本当に理解しているのに、行動を起こしていないのならば、あなた方は邪悪そのものです。

だから私は、信じることを拒むのです。今後、〇年間で（温室効果ガスの）排出量を半分にしようという、一般的な考え方があります。しかし、それによって世界の気温上昇を1・5度以内に抑えられる可能性は五〇％しかありません。

人間のコントロールを超えた、決して後戻りのできない連鎖反応が始まるリスクがあります。五〇％という数字は、あなた方にとっては受け入れられるものなのかもしれません。（中略）

私たちにとって、五〇％のリスクというのは決して受け入れられません。その結果と生きていかなくてはいけないのは私たちなのです。（中略）

あなた方は私たちを裏切っています。しかし、若者たちはあなた方の裏切りに気付き始めています。未来の世代の目は、あなた方に向けられています。もしあなた方が私たちを裏切ることを選ぶなら、私は言います。『あなたたちを絶対に許さない』と。

私たちは、この場で、この瞬間から、線を引きます。ここから逃れることは許しません。世界は目を覚ましており、変化はやってきています。あなた方が好むと好まざるとにかかわらず。ありがとうございました」（NHK News Web）

グレタ一家四人共著の『たったひとりのストライキ』（羽根由訳、海と月社、二〇一九年）を読むと、グレタのアスペルガー症候群と妹ベアタのADHDに苦悩する両親の姿がよく描かれている。しかしグレタには隠れた才能があることに両親は早くから気付いていた。その才能がたったひとりのストライキを行うことで花開いたのである。グレタが気候ストライキのリーダーやシンボルになっていちばん驚いているのは両親だったようである。

### 壱岐市の気候非常事態宣言

長崎県壱岐市の白川博一市長は二〇一九年九月の市議会に気候非常事態宣言案を提案した。九月二五日に議案は可決され、これが日本で初めての気候非常事態宣言となった（巻末資料2）。

白川市長は、「壱岐市では温暖化により海水面が上昇し、藻場が減少して漁獲量が七〇年で半減した。五〇年に一度の大雨が過去三年間で三回発生している。SDGsのさらなる推進を目指し宣言を決断した」と、その思いを述べている。

一〇月四日には鎌倉市議会も気候非常事態宣言を議決した（巻末資料3）。環境経営学会、環境プランニング学会、宗教・研究者エコイニシアティブ、日本エシカル推進協議会も同様の宣言を行っている。二〇二〇年春には日本建築学会や世界宗教者平和会議日本委員会（WCRP）もCEDを行う予定である。国家がなかなか機敏に動けないいなか、ノンステート・アクターの役割が増している。

台風一九号による甚大な被害を目の当たりにして、国民の意識が変わりつつあるように思える。気候変動が巨大な経営リスクになることやそれへの対処がビジネスチャンスに成り得ることも、今や広く理解されつつある。すでに長野県白馬村、長野県、福岡県大木町などが続々と名乗りを上げている。二〇二〇年は日本にとって気候非常事態宣言が全国に燎原の火の如く広がる年になるのではないかと筆者には予感されるのだが、いかがであろうか。

最後に、少し深刻な話を紹介しよう。英国の著名な大学の七〇〇名以上の教員が、政府に対して、気候劣化、環境破壊に直面して「エコ不安」（Eco-Anxiety）や「エコ悲嘆」（Ecological Grief）にくれる学生や教職員へのメンタルヘルスケアを求めている。特効薬はもちろん気候非常事態宣言であり、根本解決のための社会動員である。

二〇一八年八月二〇日に一人の少女の起こした気候ストライキは、二〇一九年九月二〇日に四〇〇万人のグローバル気候ストライキにまで拡大した。気候非常事態宣言をした世界の自治体の数は二〇一九年一二月に一二〇〇を、国家は一〇を超えた。環境危機と気候危機から脱出するための革命は、現在進行中である。

# あとがき

二〇一九年八月一九日のAFP BBニュースは、アイスランドで地球温暖化の影響で初めて消滅した氷河のあった場所に「未来への手紙」の銘板を設置したと伝えている。それによれば、アイスランド西部の「オクヨクットル」氷河は、かつて一六km²の大きさがあったが現在は一km²に満たないまでに縮小し、気象当局によって二〇一四年、地球温暖化の影響でアイスランドで初めて消滅した氷河だと宣言された。プレートには未来の人々に宛てて「今後二〇〇年でアイスランドのすべての氷河が同じ運命をたどると予想される。この記念碑は私たちが何をなすべきかを認識するためのもので、それがなされたかどうかはあなたたちだけが知ることになる」と書かれているそうである。

本書に筆者は、環境と気候の危機に直面して二〇一八年に世界の青少年が起ち上がったこと、それに勢いを得て世界の自治体、国家、各種団体が続々と気候非常事態宣言を行い、動員計画を立案していること、それによって早ければ二〇三〇年までに、遅くとも二〇五〇年までにはカーボンニュートラルな社会の実現を目指し、世界の平均気温の上昇を工業化以前と比較して1・5℃未満に抑制するために行動を起こしたことについて詳しく述べた。

筆者には二人の孫がいるが、この書も二人の孫への「未来への手紙」と言えるかもしれない。人類がこれまで通り傲慢で身勝手であれば、1・5℃や2℃目標どころか二〇六〇年代にも世界の平均気温の上昇は4℃を突破し、人類は壊滅的な気候崩壊から文明の崩壊に直面することになるだろう。

かつてドイツのハンス・シェルンフーバーは核

戦略（Mutual Assured Destruction＝ＭＡＤ、相互確証破壊）になぞらえて、今後は相互確証脱炭素化（Mutual Assured Decarbonization＝ＭＡＤ）が重要であると述べた。

相互確証破壊の戦略とはつまり、核ミサイルを撃ち込まれても相手に核ミサイルで反撃して報復できるということで、したがって共倒れになるから核兵器は所有するだけで使用しないことにしようというわけである。もう一つ指摘されているのは、核ミサイルを使用すると大量のチリ、ホコリが成層圏に舞い上がり太陽光線を遮断するために数年間は大変な寒冷化が起こり、核戦争で生き残っても食料不足に陥って人類や生物は滅亡するということである。いずれにしても共倒れになることは間違いない。

一方、現在の気候危機は人間活動が原因の温暖化ガスの大量排出が主原因である。したがってこちらも必ずゼロ（脱炭素）にするからそちらも必ずゼロ（脱炭素）にしてくださいね、という戦略が相互確証脱炭素化である。先進工業国だけが脱炭素化しても途上国が化石燃料を使用し森林伐採を続ければ、放出される$CO_2$に国境はないので地球全体に広まり地球温暖化を生じさせてしまう。お互いに確実に脱炭素化しなければ、この場合も共倒れになってしまうのである。いずれの戦略の略称名もＭＡＤ（狂気）であることは皮肉である。

人類がアントロポセンにおいて一致協力して惑星管理保護責任を果たすことができたかどうかを、二人の孫は知ることになるだろう。

なお、本書は筆者の調査し得る範囲の資料を基に整理したものであり、見落としや誤りがあるかもしれない。読者のご叱正をお待ちしたい。

**【資料編】**

1

日本学術会議会長談話

## 「地球温暖化」への取組に関する緊急メッセージ

国民の皆さま

私たちが享受してきた近代文明は，今，大きな分かれ道に立っています．

現状の道を進めば，2040 年前後には地球温暖化が産業革命以前に比べて「1.5℃」を超え，気象・水災害がさらに増加し，生態系の損失が進み，私たちの生活，健康や安全が脅かされます．これを避けるには，世界の $CO_2$ 排出量を今すぐ減らしはじめ，今世紀半ばまでに実質ゼロにする道に大きく舵を切る必要があります．

しかし，私たちには，ただ「我慢や負担」をするのではなく，エネルギー，交通，都市，農業などの経済と社会のシステムを変えることで，豊かになりながらこれを実現する道が，まだ残されています．世界でそのための取組は始まっていますが，わが国を含め世界の現状はスピードが遅すぎます．

少しでも多くの皆さんが，生産，消費，投資，分配といった経済行為における選択を通じて，そして積極的な発言と行動を通じて，変化を加速してくださることを切に願います．我々科学者も国民の皆さまと強く協働していく覚悟です．

緊急メッセージ

1　人類生存の危機をもたらしうる「地球温暖化」は確実に進行しています
2　「地球温暖化」抑制のための国際・国内の連携強化を迅速に進めねばなりません
3　「地球温暖化」抑制には人類の生存基盤としての大気保全と水・エネルギー・食料の統合的管理が必須です
4　陸域・海洋の生態系は人類を含む生命圏維持の前提であり，生態系の保全は「地球温暖化」抑制にも重要な役割を果たしています
5　将来世代のための新しい経済・社会システムへの変革が，早急に必要です

日本学術会議は，フューチャー・アースの推進と連携に関する委員会，環境学委員会・地球惑星科学委員会合同 FE・WCRP 合同分科会，地域研究委員会・環境学委員会・地球惑星科学委員会合同地球環境変化の人間的側面(HD)分科会，経済学委員会・環境学委員会合同フューチャー・デザイン分科会，地球惑星科学委員会地球・人間圏分科会において，また，Future Earth グローバルハブ日本(東京大学，国立環境研究所，日本学術会議ほか)，Future Earth アジア地域センター(人間文化研究機構総合地球環境学研究所)の協力を得て，地球温暖化への取組に係る審議を進めてきています．

この度，9 月 23 日にニューヨークで開かれる国連気候行動サミットに合わせて，このメッセージを発信いたしました．

引き続き，国際的な学術団体や国連機関とも緊密に連携し，この問題を含め世界的な諸課題の解決に向けて積極的に貢献してまいりたいと思います．

令和元年 9 月 19 日
日本学術会議会長
山極 壽一

## 2 気候非常事態宣言

2016 年，日本を含む 175 の国と地域が，気候変動の脅威とそれに対処する緊急の必要性を認識し，温暖化に対して「産業革命前からの気温上昇を 2℃より低い状態に保つとともに，1.5℃に抑える努力を追究する．」ことを目標とした「パリ協定」について署名しました．

既に，産業革命前に比べて約 1℃の気温上昇によって，世界各地で熱波，山火事，洪水，海面上昇，干ばつなどの極端な気候変動が頻繁に引き起こされ，多くの人々や自然が犠牲となっており，地球上で安心して安全な生活を送ることが困難な状況になりつつあります．

日本各地でも，猛暑，台風，集中豪雨，洪水などの気象災害により痛ましい被害が発生し，本市においても，集中豪雨による災害や水不足などの異常事態が発生しています．

また，藻場が減少し，本市の基幹産業である漁業も深刻な影響を受けています．

本市は，地球温暖化に起因する気候変動が人間社会や自然界にとって著しい脅威となっていることを認識し，ここに気候非常事態を宣言します．

気温上昇を1.5℃に抑えるためには，2050年までに$CO_2$排出量を実質的にゼロにする必要があります．

この脱炭素化の実現に向けて，社会全体で次の活動に取り組みます．

これらの活動は，SDGs未来都市として，SDGsの達成と新たな成長と発展につながります．

1　気候変動の非常事態に関する市民への周知啓発に努め，全市民が，家庭生活，社会生活，産業活動において，省エネルギーの推進と併せて，Reduce（リデュース・ごみの排出抑制），Reuse（リユース・再利用），Recycle（リサイクル・再資源化）を徹底するとともに，消費活動におけるRefuse（リフューズ・ごみの発生回避）にも積極的に取り組むように働きかけます．特に，海洋汚染の原因となるプラスチックごみについて，4Rの徹底に取り組みます．

2　2050年までに，市内で利用するエネルギーを，化石燃料から，太陽光や風力などの地域資源に由来する再生可能エネルギーに完全移行できるよう，民間企業などとの連携した取組をさらに加速させます．

3　森林の適正な管理により，温室効果ガスの排出抑制に取り組むとともに，森林，里山，河川，海の良好な自然循環を実現します．

4　日本政府や他の地方自治体に，「気候非常事態宣言」についての連携を広く呼びかけます．

令和元年9月25日

壱岐市長　白川 博一

3　気候非常事態宣言に関する決議

人類の活動を主な要因とする気候変動によって地球環境は劣化し，もはや持続可能とは言えず，我々の生活も脅かされている状態である．近年の異常気象による災害，熱中症・感染症の増加，農作物・生態系の変化などの実態を見れば，そのことを否定することは難しい．

温室効果ガス排出量は増加の一途をたどり，2018年の二酸化炭素($CO_2$)排出量は，過去最高の約331億トンに達したことが，国際エネルギー機関(IEA)の報告書で明らかになった．

また，国連の気候変動に関する政府間パネル(IPCC)第5次評価報告書によれば，今世紀末の世界平均気温の変化は0.3〜4.8度の範囲，平均海面水位の上昇は0.26〜0.82メートルの範囲となる可能性が高く，地球に長期的な変化を及ぼしかねない危機的状況にあると言える．

このような状況の中，オーストラリア南東部の自治体デアビン市が2016年12月に初めて宣言してから，世界の地方自治体が「気候非常事態」を宣言し，包括的な行動計画を立案，実施する動きが燎原の火のごとく広がっている．

日本の自治体もこの動きに呼応するべきであると考え，本市議会は鎌倉市がSDGs未来都市として，下記のような国際基準を踏まえた「気候非常事態宣言」を行うよう求める．

1　「気候危機」が迫っている実態を全力で市民に周知する．
2　温室効果ガスのゼロエミッションを達成することを目標とする．
3　気候変動の「緩和」と「適応」,「エシカル消費」の推進策を立案，実施する．
4　各行政機関・関係諸団体等と連携した取り組みを市民とともに広げる．

以上，決議する．

令和元年(2019年)10月4日

鎌倉市議会

山本良一

1946年，茨城県水戸市生まれ．東京大学工学部冶金学科卒業，同工学系研究科博士課程修了，工学博士．東京大学先端科学技術研究センター教授，同国際・産学共同研究センター教授，センター長などを歴任．2010年，同生産技術研究所教授を定年退職．現在，東京大学名誉教授．専門は材料科学，エコデザイン学，環境経営学．一般社団法人日本エシカル推進協議会名誉会長．『環境技術革新の最前線』(共著，日科技連出版社)，『地球を救うエコマテリアル革命』(徳間書店)，『戦略環境経営　エコデザイン』『気候変動＋2℃』(以上，ダイヤモンド社)，『未来を拓くエシカル購入』(共著，環境新聞社)など，著書多数．

気候危機　　岩波ブックレット 1016

2020年1月8日　第1刷発行
2020年11月25日　第3刷発行

著　者　山本良一《やまもとりょういち》

発行者　岡本　厚

発行所　株式会社 岩波書店
〒101-8002 東京都千代田区一ツ橋 2-5-5
電話案内 03-5210-4000　営業部 03-5210-4111
https://www.iwanami.co.jp/booklet/

印刷・製本　法令印刷　装丁　副田高行　表紙イラスト　藤原ヒロコ


ISBN 978-4-00-271016-7　　Printed in Japan